STARK

BILDUNGSSTANDARDS GRUNDSCHULE

Mathematik 4. Klasse

STARK

Bildnachweis
Umschlag: Junge: © BilderBox.com; Lineal: © Liv Friies-Larsen/Dreamstime.com;
Abakus: © Michael Kempf/Dreamstime.com
S. 5: © Tom Oliveira/Dreamstime.com
S. 27: Maßband: © Jean Scheijen/vierdrie.nl; Uhr: © Madelaine Arnaud/Photocase.com;
Schilder: © Martina Berg/Fotolia.com; Gewichte: © David J./Photocase.com
S. 43: © Onion/Dreamstime.com
S. 59: © Julia Rienitz/sxc.hu
S. 77: © Sven Larsen/Dreamstime.com
S. 93: © Radostina Nedialkova/Dreamstime.com

ISBN 978-3-86668-091-3

2. neu bearbeitete Auflage
www.stark-verlag.de

Inhalt

Kompetenzbereich Daten, Häufigkeiten und Wahrscheinlichkeiten 77

Lösungen 93

Autorinnen: Julia Karakaya, Kerstin Ullmann

Vorwort für die Schülerinnen und Schüler

Liebe Schülerin, lieber Schüler,

du möchtest mit diesem Buch im 4. Jahr deiner Grundschulzeit dein **gesamtes Wissen im Fach Mathematik** überprüfen und wiederholen. Mit den Aufgaben kannst du testen, ob du alles im Unterricht verstanden und behalten hast. So bereitest du dich ganz gezielt auf die Anforderungen der weiterführenden Schule vor.

Die Übungsaufgaben decken **alle Bereiche aus dem Mathematikunterricht** von der 1. bis zur 4. Klasse ab, wie sie in den **Bildungsstandards Grundschule** beschrieben werden. Die Standards geben vor, welche Grundlagen du am Ende deiner Grundschulzeit vor deinem Schulwechsel beherrschen solltest.
Schwierige Aufgaben sind mit einer Krone gekennzeichnet.
Bei der Bearbeitung dieser Aufgaben musst du dir besonders viel Zeit nehmen und sehr aufmerksam und sorgfältig sein.

Beginne nicht zu früh im Schuljahr, mit dem Buch zu üben. Es kann sonst passieren, dass du manche Aufgaben noch nicht lösen kannst. Am besten fängst du in oder nach den Weihnachtsferien an, mit dem Buch zu arbeiten.

Lies vor dem Lösen der Übungsaufgaben die Hinweise und Tipps am Anfang dieses Buches besonders aufmerksam durch. So verstehst du später die Arbeitsanweisungen der Aufgaben leichter. Versuche, die Aufgaben ohne Hilfe zu lösen, und schau erst im Lösungsteil nach, wenn du eine Antwort geschrieben hast. Nutze zur Korrektur die Lösungshinweise, die du bei Bedarf auch mehrfach lesen solltest.

Wir wünschen dir viel Erfolg beim Üben und bei deinem Übertritt in die neue Schule am Ende deiner Grundschulzeit!

Julia Karakaya

Julia Karakaya | Kerstin Ullmann

Vorwort für die Eltern

Liebe Eltern,

das Ziel dieses Buches ist es, Ihr Kind dabei zu unterstützen, die **Kompetenzen**, die in den **Bildungsstandards für das Fach Mathematik** festgelegt sind, zu erreichen und zu festigen. Die zu erlangenden Kompetenzen wurden zentral von der Kultusministerkonferenz formuliert und zu Beginn des Schuljahres 2005/2006 als fachspezifische Anforderungen für den Unterricht in allen Bundesländern übernommen. Sie bilden die Grundlagen für spätere Unterrichtsinhalte und ein **anschlussfähiges Lernen** in der weiterführenden Schule.

Zur besseren Übersicht wurden die einzelnen Anforderungen im Fach Mathematik in die zu erreichenden **Teilkompetenzen** untergliedert. Dabei unterscheiden sich die Aufgaben innerhalb der einzelnen Kapitel deutlich in ihrem Schwierigkeitsgrad. Manche Aufgaben sind so angelegt, dass sie nur von sehr leistungsstarken Schülern fehlerfrei bearbeitet werden können. Diese Aufgaben sind mit einer Krone versehen. Alle Aufgaben jedoch zeigen **das anzustrebende Ziel am Ende der 4. Klasse** auf, dem sich die einzelnen Schülerinnen und Schüler durch eine gezielte Förderung nähern können.

Ihr Kind sollte jedoch nicht zu früh im Schuljahr beginnen, mit dem Buch zu üben, da es manche Inhalte sonst noch nicht aus dem Unterricht kennt. In oder nach den Weihnachtsferien ist der beste Zeitpunkt, die Arbeit mit dem Buch anzufangen. Ihr Kind sollte auch die schwierigeren Aufgaben immer allein und ohne Hilfestellung bearbeiten. Erst bei der Kontrolle und Verbesserung der Aufgaben sollten Sie Ihrem Kind helfen. Wichtig ist, dass sich Ihr Kind die Lösungen und die hier aufgeführten **Lösungswege** sehr genau anschaut, versucht, sie nachzuvollziehen, und die eigenen Lösungen korrigiert und verbessert. Nur so kann ein **langfristiger Erfolg** erzielt werden.

Durch die Arbeit mit diesem Buch kann Ihr Kind **alle Inhalte des Stoffes in Mathematik von der 1. bis zum Ende der 4. Klasse** wiederholen und üben. Sie können so Schwierigkeiten erkennen, die Ihr Kind eventuell in bestimmten Teilbereichen hat, und diese Gebiete dann gezielt üben. Das Buch stellt eine ideale Möglichkeit dar, den Stoff der vorherigen Schuljahre zu wiederholen und zu festigen. So bereitet sich Ihr Kind optimal auf die Anforderungen der weiterführenden Schule vor.

Wir wünschen Ihnen und Ihrem Kind viel Erfolg bei der Arbeit mit dem Buch und beim anstehenden Übertritt in eine weiterführende Schule.

Julia Karakaya

Julia Karakaya

Kerstin Ullmann

Hinweise und Tipps

Die Inhalte der Bildungsstandards in Mathematik

Die Bildungsstandards legen fest, was du am Ende der 4. Klasse gelernt haben musst.

Im Fach Mathematik gibt es folgende Teilbereiche:

- Zahlen und Operationen
- Größen und Messen
- Raum und Form
- Muster und Strukturen
- Daten, Häufigkeiten und Wahrscheinlichkeiten

Bearbeitung und erlaubte Hilfsmittel

Das Buch ist so aufgebaut, dass du jeden Wissensbereich gesondert üben kannst. So konzentrierst du dich ganz gezielt auf eine bestimmte Teilkompetenz und findest schnell heraus, ob du in diesem Bereich vielleicht noch Schwierigkeiten hast.
Lass dir für die Lösung jeder Aufgabe so viel Zeit wie nötig.
Manche der Übungen sind besonders anspruchsvoll, sodass auch sehr gute Schüler kaum alle Aufgaben ohne Fehler lösen können. Mach dir also keine Sorgen, wenn du bei bestimmten Aufgaben noch Schwierigkeiten hast.
Die Aufgaben zu den Bildungsstandards solltest du ohne detaillierte Hilfestellungen, ohne Hinweise zu Lösungswegen und ohne Hilfsmittel lösen können. Selbstverständlich darfst du aber einen Schmierzettel benutzen, dir eine Skizze anfertigen oder Markierungen vornehmen.

Trainieren und Überprüfen der Kompetenzen

- In diesem Buch findest du mehrere Tests zu den verschiedenen Wissensbereichen, die du am Ende der 4. Klasse erworben haben solltest. Du kannst die Übungsaufgaben einzeln lösen oder du versuchst, einen ganzen Test am Stück zu bearbeiten.
- Wichtig ist, dass du nicht erst am Ende des Schuljahres mit dem Üben beginnst. Am besten ist es, wenn du in oder nach den Weihnachtsferien anfängst.

- Es ist gut, wenn du jeden Tag ungefähr 20 Minuten übst. Dabei ist es wichtig, dass du konzentriert arbeitest, gründlich kontrollierst, verbesserst und wirklich versuchst, die Lösungen zu verstehen. Es ist dabei normal, wenn du die Hälfte der Zeit zum Lösen der Aufgaben und die andere Zeit zum Korrigieren benötigst.
- Die Aufgaben sind unterschiedlich schwer. Einige sind sicher ziemlich einfach zu lösen, und bei anderen musst du dich schon richtig anstrengen. So kannst du schnell herausfinden, was du besonders gut kannst oder wo du noch Schwierigkeiten hast.
- Ganz besonders schwierige Aufgaben sind mit einer Krone  gekennzeichnet. Bei diesen Aufgaben musst du dir bei der Lösung besonders viel Zeit nehmen und aufmerksam und sorgfältig arbeiten.
- Lies die Aufgaben langsam und genau, überlege, wie du zu einer Lösung kommen kannst, unterteile – wenn möglich – die Aufgabe in einzelne Rechenschritte und arbeite diese ruhig und konzentriert ab.
- Wenn du einmal nicht weiterweißt, schaue dir hinterher die Lösungen genau an. Dort wird erklärt, wie du zu einer Lösung kommen kannst. Wenn du die Erklärung nicht verstehst, helfen dir sicher deine Eltern, dein Lehrer oder deine Lehrerin gerne weiter.

Die Arbeit mit dem Buch

- Bevor du anfängst, lege dir alle notwendigen Dinge zurecht: einen spitzen Bleistift, einen Radiergummi, farbige Stifte, ein Lineal oder Geodreieck und Papier für Notizen.
- Bearbeite die Aufgaben selbstständig. Erst wenn du die Lösungen kontrollierst und etwas nicht verstehst, solltest du jemanden um Hilfe bitten.
- Betrüge dich nicht selbst, indem du dir die Lösungen schon vorher anschaust. Nur wenn du selbst die Aufgaben bearbeitet hast, kann dir die Lösung weiterhelfen, und nur so kannst du lernen, solche Aufgaben richtig zu lösen.
- Wenn du die Aufgaben bearbeitet hast, überprüfe deine Antworten mithilfe des Lösungsteils. Es gibt manchmal verschiedene Lösungen für eine Aufgabe – in solchen Fällen findest du hier im Buch einen Lösungsvorschlag, der dir zeigt, wie deine Lösung aussehen könnte.
- Fällt dir eine Aufgabe besonders schwer, bearbeitest du sie einfach ein paar Tage später noch einmal und überprüfst deine Lösung erneut.

Tipps zu den verschiedenen Aufgabenstellungen

Allgemein

- Lies dir die Aufgaben immer sehr genau durch. Beachte besonders die Fragestellung.
- Halte dich genau an die Anweisungen der Aufgabe.
- Wenn du bei einer Aufgabe nicht mehr weiterweißt, dann gehe zur nächsten Aufgabe über. Gehe die übersprungene Aufgabe am Ende deiner Übungsphase noch einmal an.
- Lies dir am Schluss deine Lösung noch einmal durch und kontrolliere, ob du alles getan hast, was in der Aufgabe verlangt wurde.

Folgen vervollständigen

- geometrische Figuren: Schau dir die Figuren genau an und vergleiche sie miteinander: Was bleibt gleich? Was verändert sich? So findest du heraus, wie die Folge weitergeht.
- Zahlenfolgen: Überlege dir genau, wie du von der ersten zur zweiten und von der zweiten zur dritten Zahl kommst. Wenn du willst, kannst du es dir auch aufschreiben. Denke daran: Werden die Zahlen größer, wurde addiert oder multipliziert. Werden die Zahlen kleiner, wurde subtrahiert oder dividiert. Manche Folgen bestehen auch aus mehreren Rechenschritten, die sich nacheinander wiederholen, und manchmal bauen die Rechenschritte auch aufeinander auf (z. B. +1, +2, +3 usw.).
- Aufgabenfolgen: Schau dir die untereinanderstehenden Zahlen genau an und überlege wie bei den Zahlenfolgen, wie sich die einzelnen Zahlen verändern. Auch in den Ergebnissen kannst du oft eine Regel finden.

Multiple-Choice-Aufgaben

Wenn du die richtige Antwort oder das richtige Ergebnis ankreuzen musst, ist immer mindestens eine Lösung richtig. Es können auch mehrere richtige Antworten oder Ergebnisse dabei sein. Dann musst du alle richtigen Lösungen ankreuzen. Manchmal ist es sinnvoll, die einzelnen Aufgaben vor dem Ankreuzen auf einem Schmierzettel auszurechnen.

Umrechnungsaufgaben

Schreibe dir die Umrechnungseinheiten am besten auf einen Schmierzettel. So hast du einen guten Überblick und kannst immer wieder nachsehen. Beachte bei Sachaufgaben, welche Einheit in der Antwort erwartet wird. Manchmal musst du für die Antwort nochmals umrechnen.

Sachaufgaben

Lies die Aufgabe genau und unterstreiche wichtige Dinge. Mache dir einen Rechenplan und schreibe dir zuerst in Worten auf, welche Dinge du wie ausrechnen kannst. Benutze Zwischenüberschriften, damit du schneller siehst, was du gerade ausrechnest.
Vergiss nicht, einen Antwortsatz zu schreiben.

Rechenaufgaben

Wenn du schriftlich addierst oder subtrahierst, schreibe die Zahlen ordentlich untereinander: Tausender unter Tausender, Hunderter unter Hunderter, Zehner unter Zehner. Mache zum Schluss immer die Probe, ob dein Ergebnis auch richtig ist.
Bei der schriftlichen Multiplikation solltest du vorher dein Ergebnis immer überschlagen, auch wenn in der Aufgabe die Überschlagsrechnung nicht ausdrücklich gefordert ist.

Geometrieaufgaben

Mache dir kleine Zeichnungen auf deinen Schmierzettel, wenn du dir unsicher bist. Achte beim Zeichnen immer auf Genauigkeit und Sauberkeit. Dazu brauchst du unbedingt einen gespitzten Bleistift und oft ein Lineal oder Geodreieck.

Kombinationsaufgaben

Wenn du bei einer Aufgabe kombinieren musst, versuche logische Blöcke zu bilden. Nimm zum Beispiel die erste Zahl und kombiniere sie so oft wie möglich, dann die zweite und so weiter. So kommst du nicht durcheinander und schreibst die einzelnen Möglichkeiten nicht mehrmals auf.

Wahrscheinlichkeitsaufgaben

Um Wahrscheinlichkeiten anzugeben, schreibe erst alle möglichen Kombinationsmöglichkeiten für das zu untersuchende „Ereignis“ auf einen Schmierzettel. Je mehr Kombinationen möglich sind (zum Beispiel, um eine bestimmte Summe zu erwürfeln), umso wahrscheinlicher wird es, dass das Ereignis auch wirklich einmal auftreten wird. Je weniger Kombinationsmöglichkeiten es gibt, umso seltener und unwahrscheinlicher wird das Ereignis.
Achte genau auf die Fragestellung!

▶ Kompetenzbereich Zahlen und Operationen

Zahlen und Operationen: Test 1

1. Schreibe untereinander und rechne aus.

a) 2 496 + 297 + 63

b) 6 937 – 354

2. Welche Rechengeschichte passt zu der Aufgabe 3 · 7?
Kreuze an.

- ☐ Auf dem Schulfest gibt es 7 Stände mit Kuchen und 3 Stände mit Würstchen und Getränken.
- ☐ An den Kuchenständen sind nur noch 7 Kuchen mit je 3 Stücken übrig geblieben.
- ☐ An den Würstchenständen gibt es 7 verschiedene Getränke- und 3 verschiedene Würstchensorten.
- ☐ Keine der Rechengeschichten passt.

3. Löse die Zahlenrätsel.

a) Meine Zahl ist um 20 kleiner als das Doppelte von 300. ______

b) Addiere 200 zum Doppelten von 350, dann erhältst du meine Zahl. ______

c) Meine Zahl ist um 30 größer als der achte Teil von 400. ______

d) Meine Zahl erhältst du, wenn du zum vierten Teil von 400 noch 150 addierst. ______

4. Überprüfe die Rechenwege.

a) Elif rechnet die Aufgabe 346 + 99 = ________
Sie rechnet: 346 + 100 = 446
446 – 1 = 445

Hat Elif richtig gerechnet? ________________

Begründung: ________________

____

Wie würdest du rechnen?

b) Markus rechnet die Aufgabe 317 + 423 = ________
Er rechnet: 320 + 420 = 740

Hat Markus richtig gerechnet? ________________

Begründung: ________________

____

Wie würdest du rechnen?

5. Trage die Zahlen in die Stellenwerttabelle ein.

a) achtundsiebzigtausenddreihundert
b) dreihundertundfünfzigtausend
c) siebenundfünfzigtausendeinhundertundsiebenundsiebzig
d) eine Million neunhundertundvierundfünfzigtausendundzwei
e) drei Millionen fünfhunderttausend

	M	HT	ZT	T	H	Z	E
a)							
b)							
c)							
d)							
e)							

6. Schreibe zu den Zahlen …

a) die Nachbarhunderter: ________ 705 999 ________

b) die Nachbartausender: ________ 207 678 ________

c) die Nachbarhunderter: ________ 104 000 ________

d) die Nachbartausender: ________ 801 456 ________

7. Setze >, < oder = richtig ein.

a) 20 000 · 20 ☐ 4 000 000

b) 2 000 · 2 000 ☐ 2 000 000

c) 1 000 000 – 40 000 ☐ 96 000

d) 64 000 : 32 ☐ 20 000

e) 650 : 5 ☐ 130

8. Setze +, –, · oder : ein.

a) 7 ☐ 5 = 38 ☐ 3

b) 60 ☐ 5 = 4 ☐ 3

c) 900 ☐ 10 = 3 ☐ 30

d) 6 ☐ 7 = 12 ☐ 30

e) 72 ☐ 9 = 32 ☐ 4

f) 360 ☐ 90 = 65 ☐ 61

9. Entscheide, ob die Aussage richtig oder falsch ist. Kreuze an.

	richtig	falsch
a) 71 ist eine gerade Zahl.	☐	☐
b) 242 ist die Hälfte von 484.	☐	☐
c) 3 454 ist ein Vielfaches von 7.	☐	☐
d) 1 756 899 ist kleiner als 1 765 901.	☐	☐

10. Finde die fehlenden Zahlen.

a)

	7	2	5	·	2	2
		1	4		0	
				4	5	0
		1		9		0

b)

	2	8	3	·	5	3	4
		1	4		5		
				8		9	
				1	1	3	
		1	5			2	2

11. Überschlage das Ergebnis und rechne schriftlich.

a) 3 155 · 28 Überschlag: ____________________

b) 4 655 · 37 Überschlag: ____________________

12. Löse die Aufgaben.

a) Bilde das Dreifache und das Vierfache von 5 344 und subtrahiere von der Summe das Fünffache von 2 333.

b) Multipliziere 724 mit 123, dividiere das Produkt durch 2 und addiere zum Quotienten die Differenz aus 87 983 und 7 466.

13. Bauer Heinrich ist sehr stolz auf seine Kühe und zeigt sie seinen Urlaubsgästen. Peter ruft: „Das ist ja ein bunter Haufen!“ Bauer Heinrich sagt stolz: „Auf meiner Weide stehen 234 Kühe.“ Peters Papa kratzt sich am Kopf und sagt nach einer ganzen Weile: „50 von ihnen sind braun, 30 sind schwarz.“ Bauer Heinrich ruft: „Richtig! Und der Rest von ihnen ist zur einen Hälfte schwarz-weiß gefleckt und zur anderen Hälfte ganz weiß. Sind sie nicht wunderschön?“

a) Unterstreiche wichtige Angaben im Aufgabentext.

b) Formuliere eine Frage.

c) Schreibe die Rechenschritte auf.

d) Formuliere deine Antwort.

14. Paula will ihrer Oma aus dem Urlaub eine Postkarte schreiben, doch sie hat die 5-stellige Postleitzahl vergessen. Sie weiß noch, dass die Postleitzahl mit 10 beginnt und der Rest nur aus geraden Zahlen besteht. Außerdem ist sie sich sicher, dass keine Zahl doppelt vorkommt.

a) Wie viele Möglichkeiten gibt es für die Postleitzahl?

b) Kannst du dir einen Rechenweg denken, der das Ergebnis schneller als durch Probieren vorhersagt? Erkläre ihn.

Zahlen und Operationen: Test 2

1. Immer zwei Aufgaben gehören zusammen.
Rechne im Kopf und verbinde.

5 · 40	3 · 80	5 · 8	6 · 30

2 · 90	2 · 20	2 · 100	6 · 8	6 · 40

2. Finde alle Zahlen, die die Gleichungen erfüllen.

Beispiel: $17 + a < 20$ a = **0**, **1**, **2**

a) $12 + b < 15$
b = ____________

b) $50 + c < 52$
c = ____________

c) $64 + d < 69$
d = ____________

d) $87 + e < 93$
e = ____________

3. Ergänze in jedem Zahlenhaus die passenden Zahlen.

a) 28	b) 80	c) 240	d) 6
7 · ___	160 : ___	8 · ___	12 : ___
2 · ___	80 : ___	2 · ___	60 : ___
1 · ___	240 : ___	60 · ___	36 : ___
4 · ___	320 : ___	4 · ___	24 : ___

4. Verbinde die Zahlen auf der linken Seite mit dem passenden Vorgänger oder Nachfolger.

1 455 299	690 000
241 009	255 199
790 420	1 455 300
689 999	699 999
255 200	241 010
700 000	790 419

5. Lorenz hat sich eine Geheimschrift für Zahlen ausgedacht:

1 000 000 **J** 10 000 **S**

100 000 **K** 1 000 **!**

a) Die Bibliothek für Kunstgeschichte besitzt insgesamt 512 200 Bücher, Zeitschriften, CDs und andere Medien. Wie würde Lorenz den Bestand in seiner Geheimschrift wiedergeben? Schreibe auf. Beachte, dass du das Ergebnis runden musst, um die Zahl darstellen zu können.

b) Die Bibliothek für Weltgeschichte besitzt doppelt so viele Bücher, Zeitschriften, CDs und andere Medien. Rechne den genauen Bestand aus und stelle ihn wieder gerundet in der Geheimschrift dar.

Bestand: ____________________

6. Welche Ziffern fehlen?
Setze sie ein.

a)

	4			3	6
+		3	5	2	
	7	6	2		2

b)

	8			5	4
−		2	5	8	6
	8	7	0	6	

7. Löse die Zahlenrätsel.

a) Das Sechsfache meiner Zahl ist 36. ____________

b) Halbiere ich meine Zahl, so erhalte ich 16. ____________

c) Verdopple ich meine Zahl, so erhalte ich 88. ____________

d) Der vierte Teil meiner Zahl ist 25. ____________

8. Überschlage das Ergebnis und rechne dann schriftlich.

a) 3 644 · 35 Überschlag: ____________________

b) 4 755 · 33 Überschlag: ____________________

9. Rechne aus.

a) Bilde die Differenz aus 66 666 und 55 555. Addiere das Ergebnis mit dem Elffachen von 222.

b) Subtrahiere von 768 612 die Zahl 53 642. Dividiere das Ergebnis durch die Zahl 10.

10. Inga hat die Aufgaben gerechnet, doch das Ergebnis stimmt nicht. Rechne selbst, finde dann Ingas Fehler und kreise sie ein.

Erkläre kurz, was Inga falsch gemacht hat.

a)

	4	5	6	7	8	9
−	2	3	4	5	6	
	2	2	2	2	2	9

Begründung: ______________________________

b)

	7	5	3	7	·	2	4
		1	4	0	6	4	
+			2	8	0	2	8
		1	6	8	6	6	8

Begründung: ______________________________

11. Fülle die Tabellen aus.

a)

a	b	a + b
468		1 326
866	49	
	88	1 992
36	3 005	
	136	770

b)

c	d	c – d
	1 344	2 566
	87	384
	7 861	61
733	52	
920		567

12. Der Bergführer Hans wandert jeden Tag auf den „Donnerstein“. Er ist die Strecke schon mit Kindern, Jugendlichen und Erwachsenen gewandert. Heute bricht er mit 5 Personen auf, 2 von ihnen sind Erwachsene.

a) Wie könnte sich die Wandergruppe zusammensetzen?

____

____

b) Der Bergführer Hans nimmt für eine Wanderung 2 € für Kinder, 4 € für Jugendliche und 8 € für Erwachsene.
Heute bekommt er 26 €.
Welche Möglichkeiten der Gruppenzusammensetzung bleiben nun übrig?
Trage zunächst alle Möglichkeiten aus Teilaufgabe a in die Tabelle ein und suche dann durch Ausprobieren das richtige Ergebnis.

Kind	Jugendlicher	Erwachsener	Summe Euro insgesamt	falsch/ richtig

Antwort: ____________________________________

____

Zahlen und Operationen: Test 3

1. Rechne im Kopf oder halbschriftlich.

a) 13 415 + 46 = ________ b) 66 069 – 66 = ________

c) 47 243 + 44 = ________ d) 9 788 – 778 = ________

2. Zeichne für die folgenden Aufgaben Rechenbilder und rechne aus.

| = 10 ● = 1

a) 31 + 19 = ____

b) 44 – 27 = ____

3. Schreibe untereinander und rechne aus.

a) 23 599 + 239 b) 2 996 – 1 048

4. Ordne die Zahlen nach der Größe. Beginne mit der kleinsten.

1 763 554 / 34 994 / 35 555 / 1 743 / 27 985 / 3 788 944

____

____

5. Setze <, > oder = ein.

a) 5 · 5 ☐ 12 + 13 b) 64 : 8 ☐ 10 · 3

c) 900 – 10 ☐ 3 + 30 d) 6 · 7 ☐ 68 – 15

6. Welche Aufgaben haben das gleiche Ergebnis?
Verbinde.

463 + 350	752 – 98	194 + 326	844 + 128
789 – 269	410 + 244	963 – 150	756 + 216

7. Löse die Zahlenrätsel.

a) Das Dreifache meiner Zahl ist 45. ____________

b) Der vierte Teil meiner Zahl ist 10. ____________

c) Verdopple ich meine Zahl,
so erhalte ich 34. ____________

d) Das Fünffache meiner Zahl ist 125. ____________

8. Welche Rechengeschichten passen zu der Aufgabe 350 : 7?
Kreuze an.

- ☐ 7 Freunde fahren mit dem Zug nach Hannover. Die Strecke ist 350 km lang. Sie fahren um 10 Uhr los.
- ☐ 7 Freundinnen fahren zusammen mit der Bahn nach Köln. Die Fahrt kostet für alle zusammen 350 €.
- ☐ Die Adam-Riese-Schule hat auf ihrem Schulfest 350 € eingenommen. Das Geld wird auf die 7 Klassen der Schule aufgeteilt.
- ☐ Keine der Rechengeschichten passt.

9. Entscheide, ob die Aussagen richtig oder falsch sind.

	richtig	falsch
a) Summanden kann man vertauschen, ohne dass sich das Ergebnis verändert.	☐	☐
b) Das Ergebnis einer Multiplikation heißt Quotient.	☐	☐
c) Eine Quersumme ist immer zweistellig.	☐	☐
d) Endet eine Zahl auf 5 oder 0, ist sie durch 10 teilbar.	☐	☐
e) Die Differenz zwischen 34 und 95 ist 61.	☐	☐
f) Faktoren sind immer gleich groß.	☐	☐

10. Zerlege die Zahlen wie im Beispiel.

723 527 = 700 000 + 20 000 + 3 000 + 500 + 20 + 7

a) 421 999 = ______________________________

b) 1 630 527 = ______________________________

c) 3 209 700 = ______________________________

11. Fülle die Tabelle aus, indem du die angegebenen Zahlen rundest. Beachte beim Runden, dass bestimmte Zahlen ab- und bestimmte Zahlen aufgerundet werden.

	Runden zum Zehntausender	**Runden zum Tausender**	**Runden zum Hunderter**	**Runden zum Zehner**
115 688				
124 687				
194 527				
142 867				

12. Trage die Zahlen 1 bis 5 so in die Figur ein, dass die Summe aller vier Ecken 10 ergibt. Auch die Summe der Senkrechten und Waagerechten soll jeweils gleich 10 sein.

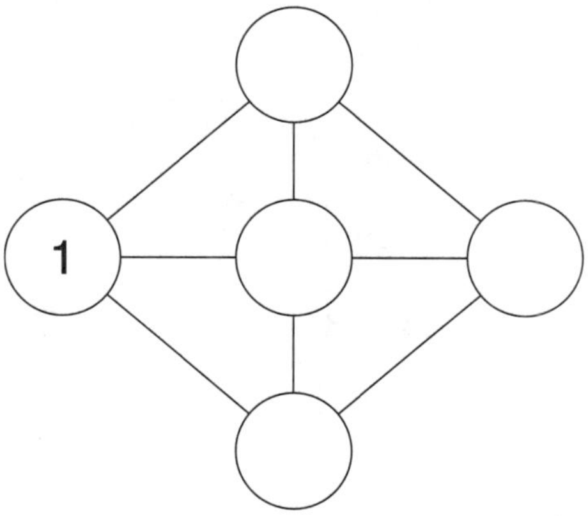

13. Löse die Aufgaben.
Rechne zur Kontrolle jeweils die Umkehraufgabe.

a) 87 430 + 126 566 — Umkehraufgabe

b) 8 800 – 2 444 — Umkehraufgabe

c) 153 058 + 53 039 — Umkehraufgabe

14. Fülle die Tabellen richtig aus.

a)

a	b	a + b
86		256
	26	368
787		845
	43	199
1 444		2 451

b)

c	d	c – d
3 666		1 333
	602	9
92		54
390		10
23 788		5 888

15. Löse die Rechenaufgaben.

a) Addiere zum Produkt aus 30 und 80 die Zahl 750.

b) Dividiere die Summe aus 2 800 und 1 400 durch 600.

16. Ein Biologe zählt bei einem Forschungsprojekt die Eier, die die Königin eines Staates von Roten Waldameisen gelegt hat. Der Biologe zählt 2 300 Eier. Er weiß, dass eine Ameisenkönigin dieser Art etwa 300 Eier am Tag legt. Wie viele Tage benötigte die Ameisenkönigin, um die Eier zu legen?

Antwort: ______________________________

Zahlen und Operationen: Test 4

1. Setze >, < oder = richtig ein.

a) 89 034 □ 89 043

b) 40 · 600 □ 7 000 – 5 000

c) 903 □ 8 199 : 9

d) 8 637 – 5 630 □ 3 000

e) 70 · 80 □ 5 600

f) 4 560 + 440 □ 4 560 – 140

2. Welches Rechenzeichen passt? Setze richtig ein.

a) 3 200 □ 1 100 = 2 100

b) 5 610 □ 10 = 561

c) 8 030 □ 1 970 = 10 000

d) 20 000 □ 200 = 100

e) 750 □ 250 = 2 □ 500

f) 444 □ 444 = 1 000 □ 112

3. Kreuze jeweils an, ob die Aussage wahr oder falsch ist.

		richtig	falsch
a)	Die Differenz ist immer kleiner als der Minuend.	□	□
b)	Die Summe aus zwei Summanden ist immer größer als der eine Summand.	□	□
c)	Das Produkt zweier Zahlen ist immer größer als deren Summe.	□	□
d)	Endet eine Zahl auf 0, ist sie immer durch 5 teilbar.	□	□
e)	Ein Viertel einer Zahl ist größer als die Hälfte dieser Zahl.	□	□

4. Kati ist schon 10 Jahre alt und möchte zum Frühstück für ihre ganze Familie toasten. Neben Mutti, Vati und ihrem kleinen Bruder Tim kommen heute auch noch Oma und Opa dazu. Die Männer möchten jeweils 4 Scheiben, die Frauen und Kinder jeweils nur 2.

a) Kreuze an, welche Rechnung zeigt, wie viele Scheiben Kati insgesamt toasten muss.

- ☐ $10 + 4 + 2$
- ☐ $4 + 4 + 2$
- ☐ $2 \cdot 4 + 4 \cdot 2$
- ☐ $2 + 4 \cdot 4 + 2$

b) Wie oft muss Kati den Toaster füllen, wenn für 2 Scheiben Platz ist?

Antwort: ______________________________

5. Tom liest in der Zeitung, dass in der Stadt Mainbrunn mit 4 685 Einwohnern statistisch gesehen jeder Fünfte einen Hund hat.

Wie viele Hunde leben in Mainbrunn?

Antwort: ______________________________

6. Der Quotient lautet 64. Wie könnte der Dividend heißen? Kreuze an.

- ☐ 384
- ☐ 391
- ☐ 353
- ☐ 367

7. In der Klasse 4c lernen 26 Schüler. Für den Gruppenunterricht werden Vierertische gestellt.

Wie viele Gruppentische müssen entstehen? Begründe deine Antwort und schreibe eine passende Rechenaufgabe auf.

Rechnung: ______________________________

Antwort: ______________________________

____

Begründung: ______________________________

____

8. Schreibe die Zahlwörter als Ziffern und ordne sie nach der Größe. Beginne mit der größten Zahl.

viertausendacht, achtzehntausendzweiundneunzig, fünfundzwanzig, siebenhundertdreiundsiebzig, dreihundertviertausendeins, einhundertsechsundsechzig

____

____

9. Fülle die Tabelle richtig aus.

a	b	a + b	b – a
6 521	8 581		
2 290		10 000	
	44 930		70
	120 400	150 000	
38 295			11 705

10. Lena hat sich eine Zahl gedacht und sie durch folgende Symbole dargestellt:

321 451 = ● ● ● ☺ ☺ ✚ ✿ ✿ ✿ ✿ ◆ ◆ ◆ ◆ ◆ ✳

a) Was bedeuten die einzelnen Symbole?

● = ______________________

☺ = ______________________

✚ = ______________________

✿ = ______________________

◆ = ______________________

✳ = ______________________

b) Schreibe in dieser Symbolschrift die Zahl 231 522 auf.

____

11. Kai hat nur diese 5 Ziffernkärtchen zur Auswahl und bildet damit jeweils fünfstellige Zahlen.

9	6	2	0	7

a) Schreibe die kleinstmögliche Zahl.

b) Schreibe die größtmögliche Zahl.

c) Schreibe die Zahl, die möglichst nah an der 60 000 liegt.

d) Schreibe die Zahl, die möglichst weit von 20 000 entfernt liegt.

e) Schreibe die Zahl, die möglichst nah an 96 000 liegt.

12. Schreibe die passenden Aufgaben und löse sie.

a) Addiere zum Produkt aus 50 und 20 die Differenz aus 8 550 und 7 300.

b) Dividiere die Summe aus 65 000 und 25 000 durch die Hälfte von 60.

c) Multipliziere den 7. Teil von 21 mit dem Quotienten aus 400 000 und 5 000.

13. Zahlenrätsel. Wie heißt jeweils die gesuchte Zahl?

a) Sie liegt genau in der Mitte zwischen 30 000 und 70 000.

Lösung: ____________________

b) Sie ist das kleinste Vielfache von 15, das zwischen den Zahlen 61 und 100 liegt.

Lösung: ____________________

c) Sie ist um 4 kleiner als die Hälfte von 120.

Lösung: ____________________

d) Sie ist durch 3 teilbar, eine gerade Zahl und liegt zwischen 31 und 40.

Lösung: ____________________

14. Laura besucht 3-mal in der Woche das Schwimmtraining und muss dann jeweils 20 Bahnen schwimmen. Das Becken ist 25 m lang.

a) Welche Rechnung passt zu dieser Geschichte? Kreuze an.

- ☐ $3 \cdot 20 \cdot 25$
- ☐ $3 \cdot 25 + 20$
- ☐ $3 + 25 \cdot 20$
- ☐ $25 + 3 + 20$
- ☐ $20 \cdot 3 \cdot 25$

b) Was besagt das Rechengesetz, das für die richtige Lösung dieser Aufgabe zutrifft?

Antwort: ____________________

____

15. Finde für die Leerstellen Zahlen, die die Rechnungen zu richtigen Gleichungen machen.

a)

			1	8	8	
		3	3	7		
	+	3		8	1	
		9	6		6	

b)

			5	6	5	
	−	2	6	1		
		3		5	5	

c)

3	4	·	6		8	
	2		4			
		1	0	2		
				7	2	
		1	6	9	2	

▶ Kompetenzbereich Größen und Messen

Größen und Messen: Test 1

1. Ordne die Längen nach der Größe. Beginne mit der kürzesten.

45 km	77,5 cm	5 mm	98 cm	2,14 m	67 mm
89,56 m	709 m	5 km 71 m	2 m 14 cm	890 mm	

____

____

2. Rechne in die angegebene Einheit um.

a) 3 000 000 g = ________ t b) 123 kg = ________ t

c) 0,045 t = ________ kg d) 500 g = ________ kg

e) 0,621 kg = ________ g f) 27 t = ________ kg

3. Alex geht jeden Tag von 8 Uhr bis 13 Uhr in die Schule. Seine erste große Pause beginnt um 9.35 Uhr und endet um 9.55 Uhr. Seine zweite große Pause beginnt um 11.30 Uhr und endet um 11.45 Uhr.

a) Wie viele Stunden geht Alex täglich in die Schule?

_____ Stunden

b) Wie viele Stunden geht Alex jede Woche in die Schule?

_____ Stunden

c) Wie viele Stunden geht Alex in einem Monat (4 Wochen) in die Schule?

_____ Stunden

d) Wie viele Minuten hat Alex täglich Pause?

_____ min

e) Wie viele Stunden und Minuten hat Alex in einer Woche Pause?

_____ h _____ min

4. Mit den angegebenen Gewichtsstücken wurden Gegenstände gewogen. Bestimme das Gewicht in Gramm.

	1 kg	500 g	200 g	100 g	20 g	10 g	5 g	2 g	1 g	Gesamt-gewicht
a)		1	1		1	2		2	1	
b)	1	1	2			1	3		4	
c)	2			4	2	3		5	7	
d)		1	3	3	1	5	1	4		
e)	3		2	6			7	8	3	

5. Michis Hund ist krank. Er muss einen Monat (30 Tage) lang jeden Tag zwei Vitamintabletten nehmen. In der Tablettenschachtel sind 20 Tabletten. Eine Schachtel kostet 3,50 €.

a) Wie viele Schachteln verbraucht Michis Hund?

Antwort: ____________________

b) Wie viel kosten die Tabletten, die Michis Hund nehmen muss, insgesamt?

Antwort: ____________________

6. Ein Schiff wiegt 121 200 t bei seiner Abfahrt. Es fährt mehrere Häfen an und lädt seine gesamte Ladung ab.

Hafen 1: 50 500 t Sand
Hafen 2: 2 300 t Holz
Hafen 3: 2 700 t Ziegel
Hafen 4: 7 400 t Stahl
Hafen 5: 22 700 t Marmor

a) Wie viele Tonnen hatte das Schiff insgesamt geladen?

Antwort: ______________________________

b) Wie hoch ist das Leergewicht des Schiffes?

Antwort: ______________________________

7. Zeichne die Strecken.

a) 85 mm

b) 6 cm 9 mm

c) 73 mm

8. Hier siehst du an der Bushaltestelle am Bahnhof die Abfahrtszeiten der Linie 7.

Linie 7
vormittags ab 6.10 Uhr
alle 15 min

Linie 7
nachmittags ab 12.45 Uhr
alle 25 min

a) Schreibe die Abfahrtszeiten für die Linie 7 auf.

vormittags
6.10 Uhr
______
______
______
______
______

nachmittags
12.45 Uhr
______
______
______
______
______

b) Der Bus der Linie 7 fährt vom Bahnhof 15 min bis zum Markt. Schreibe Abfahrt und Ankunft auf.

Abfahrt	**Ankunft**
6.10	6.25
6.25	______
______	______
______	______
______	______
______	______

Abfahrt	**Ankunft**
12.45	13.00
13.10	______
______	______
______	______
______	______
______	______

c) Johannes fährt mit der Linie 7 vom Bahnhof um 12.45 Uhr zum Markt. Sein Fußballtraining beginnt um 15.30 Uhr.

Wie viel Zeit bleibt ihm bis zum Training?

Antwort: ______________________________

9. Karla und Tim lernen in der Schule, dass ein Mensch etwa 70 Liter Tränen in seinem Leben vergießt.

a) Wie viele Liter Tränen werden die Kinder ihrer Grundschule (360 Schüler) insgesamt in ihrem Leben vergießen?

Antwort: ______________________________

b) Rechne um in *hl*.

____

c) 910 *hl* Tränen vergießen wie viele Menschen zusammen?

Antwort: ______________________________

10. Jens träumt davon, Millionär zu sein.

a) Schafft er es, wenn er 20 Jahre lang sein Taschengeld von 20 € in der Woche spart?

Antwort: ______________________________

b) Wie viel müsste er monatlich ungefähr sparen, um in 20 Jahren Millionär zu sein?

Antwort: ______________________________

Größen und Messen: Test 2

1. Trage die Länge folgender Strecken ab.

a) 4 cm 5 mm

b) 2 cm 6 mm

2. Ordne folgende Geldbeträge der Größe nach.
Beginne mit dem kleinsten.

99 ct / 3 € / 24 ct / 0,75 € / 2,50 € / 91 € / 0,19 € / 42 ct

____

3. Ergänze bis zum nächsten Kilometer. Gib immer die Größenbezeichnungen mit an.

a) 7 km 698 m + ☐ = ☐

b) 3 km 67 m + ☐ = ☐

c) 8 km 109 m + ☐ = ☐

d) 78 km 24 m + ☐ = ☐

4. Schreibe als Kommazahl.

a) 30 € 47 ct = ________

b) 693 ct = ________

c) 5 cm 7 mm = ________

d) 167 cm = ________

e) 805 mm = ________

f) 6 m 56 cm = ________

5. Wandle in die angegebene Einheit um.

a) 5 h 54 min = ________ min

b) 3 456 cm = _____ m _____ cm

c) 70 € 79 ct = ________ ct

d) 7 km 34 m = ________ m

e) 368 s = _____ min _____ s

f) 986 ct = _____ € _____ ct

6. Hier siehst du zwei Preistabellen.
Berechne die fehlenden Preise und setze sie in die Tabellen ein.

a)

Anzahl	**1**	**4**	**8**	**10**
Apfelsinen	35 ct			
Eier		72 ct		
Melonen		7,00 €		

b)

Menge	**1 ℓ**	**4 ℓ**	**8 ℓ**	**10 ℓ**
Orangensaft	85 ct			
Milch		3,68 €		
Olivenöl		18,80 €		

7. Lisas Kinderzimmer soll mit Teppichfliesen ausgelegt werden.
Das Zimmer ist 3 m 50 cm breit und 4 m lang. Eine Teppichfliese ist 50 cm breit und 50 cm lang.

Wie viele Teppichfliesen werden gebraucht?

Antwort: ______________________________

____

Begründung: ______________________________

____

____

8. Bootsmann Rudi will mit seinem Motorboot 7 500 kg Obst befördern. Das Boot wiegt ohne Ladung 5 000 kg und darf mit Last nicht mehr als 11,7 t wiegen.

Darf Rudi die Last mit einer Fahrt befördern? Rechne aus.

Antwort: ______________________________

9. Die Hexe Frieda braut sich einen Zaubertrank.
Sie braucht dafür:
$\frac{1}{2}$ ℓ Walnussmilch, $\frac{1}{2}$ ℓ Möhrenlimonade, $1\frac{1}{2}$ ℓ Hexensäure,
$\frac{1}{2}$ ℓ Schlangengift, $\frac{1}{4}$ ℓ Krokodilstränen, $\frac{3}{4}$ ℓ Zauberkrautsaft

a) Wie viele Liter Zaubertrank hat die Hexe Frieda hergestellt?

Antwort: ______________________________

b) Die Hexe hat 7 Zauberer eingeladen.
Wie viel Zaubertrank hat sie also für sich und jeden ihrer Gäste eingeplant?

Antwort: ______________________________

____

10. In den Hauptbahnhof von Glücksstadt fährt gerade der Eilzug E 175 ein. In 60 Minuten wird der Schnellzug S 157 erwartet. Bereits vor 1/2 Stunde kam ein Sonderzug an. Die Bahnhofsuhr zeigt 11.15 Uhr.

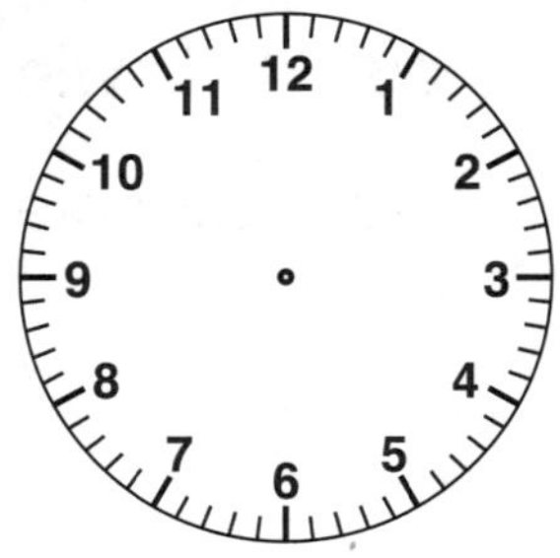

a) Zeichne die Zeiger der Bahnhofsuhr ein.

b) Wann trifft der Eilzug ein?

____

c) Wann traf der Sonderzug ein?

____

d) Wann wird der Schnellzug planmäßig eintreffen?

____

e) Trage deine Lösungen in die Tabelle ein.

Bezeichnung des Zuges	Ankunftszeit in Glücksstadt	Reihenfolge des Eintreffens in Glücksstadt
		zuerst:
		als Zweiter:
		zuletzt:

f) Zeichne die Ankunftszeiten der Züge in Glücksstadt ein.

Schnellzug	Sonderzug	Eilzug
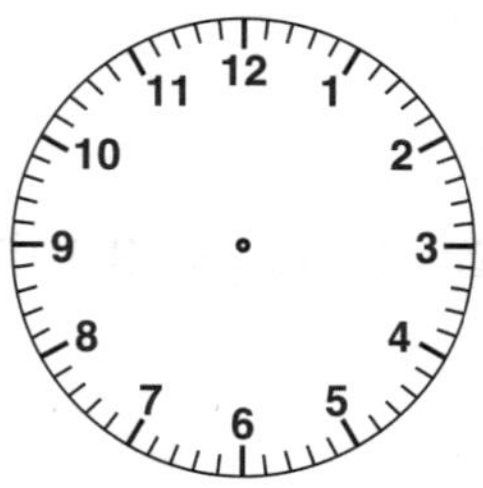	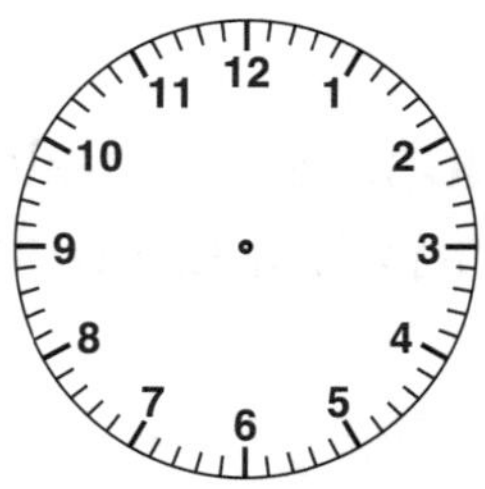	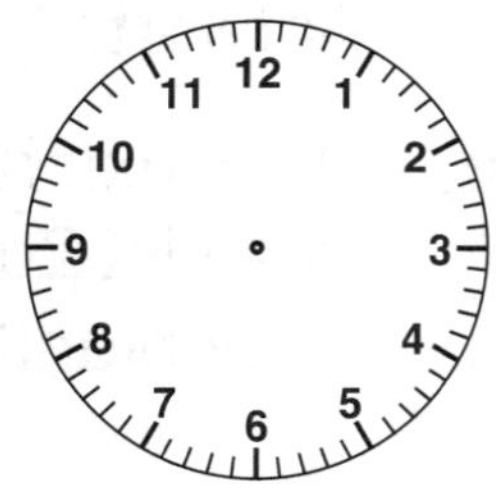

11. Kreuze die richtigen Aussagen an.

- ☐ Meine Schwester ist 4 Jahre alt. Sie ist schon mehr als 1 000 Tage auf der Welt.
- ☐ Mein Schulweg dauert 10 Minuten. In einer Woche dauert mein Schulweg mehr als drei Stunden.
- ☐ Meine Mutter hat im Jahr 5 Wochen Urlaub und an Wochenenden und Feiertagen 100 Tage frei. Sie arbeitet mehr als 200 Tage im Jahr.
- ☐ Ich bin 9 Jahre und drei Wochen alt. Das sind mehr als 600 Wochen.

12. Frau Moos hat ein rechteckiges Grundstück. Es ist 50 Meter lang und 20 Meter breit. Sie möchte es gerne einzäunen und im Abstand von je 5 Metern einen Pfosten setzen lassen.

a) Wie viele Meter Zaun muss sie kaufen?

Antwort: ______________________________

b) Wie viele Pfosten muss sie kaufen?

Antwort: ______________________________

13. Familie Irrgart will in den Urlaub fahren. Ihr Wohnwagen wiegt unbeladen 1,2 t. Das zulässige Gesamtgewicht beträgt 1,5 t.

a) Wie viele Tonnen darf die Familie zuladen?

____

b) Rechne das Ergebnis um in kg und g.

____

c) Wie viele Wohnwagen dieser Sorte bräuchte man, um 1 900 kg zu befördern?

____

____

Größen und Messen: Test 3

1. Ordne folgende Gewichte der Größe nach.
Beginne mit dem leichtesten.

4 kg / 230 g / 4 560 g / 0,456 kg / 3 kg 52 g / 2 t 46 kg / 21 202 kg

____

2. Lukas war mit seinen Eltern und seiner kleinen Schwester Lara am Wochenende im Tierpark. Der Eintritt für Lara hat 3,50 € gekostet, für Lukas 5,80 €. Insgesamt hat Lukas' Vater 24,50 € bezahlt.

Wie viel kostet der Eintritt für einen Erwachsenen?

Antwort: ___________________________________

3. Ergänze bis zum nächsten Liter. Gib die Größenbezeichnung mit an.

a) 0,345 ℓ + __________ = __________

b) 6 1/2 ℓ + __________ = __________

c) 0,043 ℓ + __________ = __________

d) 1 700 $m\ell$ + __________ = __________

4. Setze die Reihe fort.

a) Immer mal 10

1 mm, 1 cm, __________, __________, __________

b) Immer mal 100

1 mm, __________, __________, __________, __________

c) Immer mal 10

10 g, __________, __________, __________, __________

d) Immer mal 100

100 g, __________, __________, __________, __________

5. Die Familien Schulze, Klein, Fricke und Öger haben eine Radtour gemacht. Welche Familie war am längsten unterwegs?

Kreuze an.

- ☐ Fam. Schulze 560 min
- ☐ Fam. Klein 6 h 35 min
- ☐ Fam. Fricke 1/2 Tag
- ☐ Fam. Öger 11 3/4 h

6. Welche Gewichtsangaben ergeben zusammen 1 t?
Verbinde sie miteinander.

150 kg | 674 kg | 780 kg | 69 kg

220 kg | 931 kg | 850 kg | 326 kg

7. Lars kauft beim Bäcker Brötchen. Er kauft 12 einfache Brötchen für je 26 Cent und 8 Körnerbrötchen für je 48 Cent.

a) Wie viel muss er insgesamt bezahlen?

Antwort: ______________________________

b) Wie viel Geld erhält Lars zurück, wenn er 9,00 € mitgenommen hat?

Antwort: ______________________________

8. Halbiere jede Größe.

Größe	1 cm	4 km 400 m	1 m	1 km
die Hälfte				

9. Familie Adam möchte in ihrem Wohnzimmer neue Fußbodenleisten anbringen. Das Zimmer ist 4,50 m lang und 3,90 m breit. Die Tür ist 0,80 m breit, das Fenster ist 1 m hoch und 3,20 m breit. Ein Meter Fußbodenleiste kostet 6,40 €.

a) Zeichne eine Skizze.

b) Wie viele Meter Fußbodenleiste braucht Familie Adam?

Antwort: ______________________________

c) Wie viel kosten die Fußbodenleisten?

Antwort: ______________________________

d) Eine andere Sorte Fußbodenleiste wird stückweise zu je 2,50 m verkauft und kostet pro Stück 14,90 €.
Wie viele Leisten brauchen sie und wie viel muss Familie Adam bezahlen?

Antwort: ______________________________

10. Julia und Lotta wiegen zusammen 58 kg. Julia ist 6 kg schwerer als Lotta. Tim wiegt 4 kg weniger als Julia. Die Mutter wiegt doppelt so viel wie Julia und die Oma und Julia wiegen zusammen 82 kg und Opa wiegt 35 kg mehr als Oma.

Wie viel kg wiegen die einzelnen Familienmitglieder?

Julia wiegt: ______________ Lotta wiegt: ______________

Tim wiegt: ______________ Mutter wiegt: ______________

Oma wiegt: ______________ Opa wiegt: ______________

11. Eine Aufgabe ist nicht lösbar. Kreuze sie an.

- ☐ Oskar ist 25 cm kleiner als sein Vater. Sein Vater ist 1,78 m groß. Wie groß ist Oskar?
- ☐ Leo geht jeden Mittwoch zum Training. Sein Training beginnt um 15.15 Uhr und endet um 17.45 Uhr. Wie lange dauert sein Training?
- ☐ Jasmin und ihre Freundinnen fahren mit der Straßenbahn. Eine Fahrkarte kostet 1,25 €. Wie viele Kinder fahren mit der Straßenbahn?

12. Um 100 Blatt Kopierpapier herzustellen, benötigt man 280 ℓ Wasser. Ein Paket Kopierpapier beinhaltet 500 Blatt.

Wie viel Liter Wasser werden für 150 Pakete benötigt?

Antwort: ____

13. Eine ausgewachsene Giraffe wiegt 0,9 t. Ein neugeborenes Giraffenkalb wiegt 50 kg.

a) Wie viel nimmt die Giraffe nach ihrer Geburt zu?

Antwort: ______________________________

b) Wie viele Giraffenkälber wiegen so viel wie eine ausgewachsene Giraffe?

Antwort: ______________________________

▶ Kompetenzbereich Muster und Strukturen

Muster und Strukturen: Test 1

1. Finde zu jeder Reihe die passende Regel und vervollständige die Reihe.

a) 4; 8; 12; _____; _____; _____ Regel: __________

b) 420; 390; _____; _____; _____ Regel: __________

c) 6; 12; 24; _____; _____; _____ Regel: __________

d) 91; 86; 81; _____; _____; _____ Regel: __________

e) 34; 40; 46; _____; _____; _____ Regel: __________

2. Erfinde nun selbst eine Reihe und nenne die passende Regel.

_____; _____; _____; _____; _____; _____ Regel: __________

3. Immer 4 Figuren in einer Reihe haben etwas gemeinsam.
Eine Figur in der Reihe passt nicht dazu.
Kreuze sie an und begründe.

a)

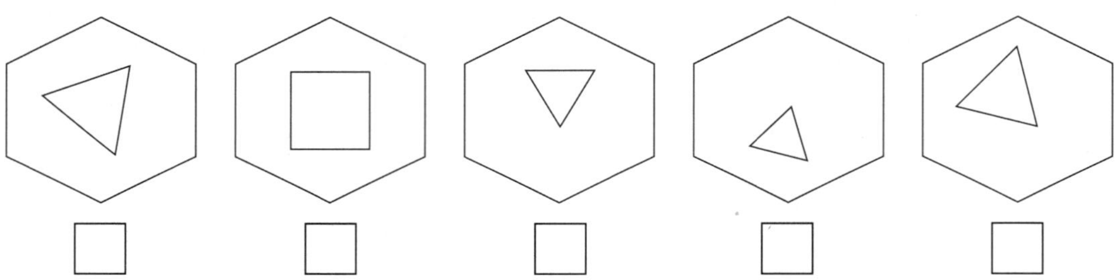

Begründung: ______________________________

____

b)

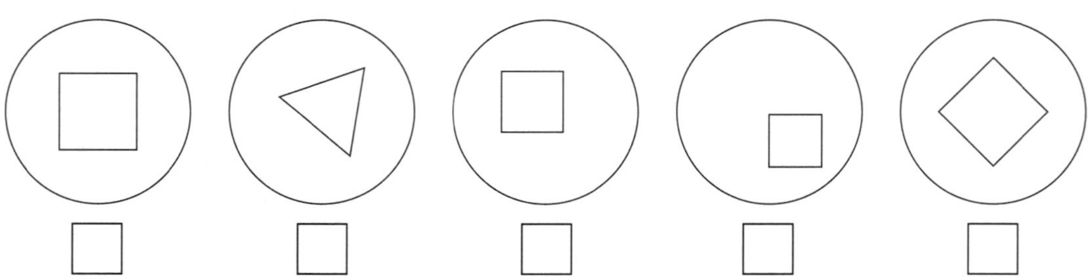

Begründung: ______________________________

____

4. Welche Zahl passt jeweils nicht in die Reihe?
Streiche sie durch.

a)	2	4	6	8	9	10	12
b)	3	13	23	34	33	43	53
c)	0	12	7	16	86	4	92

5. Welches Symbol gehört in das freie Feld?
Ergänze es.

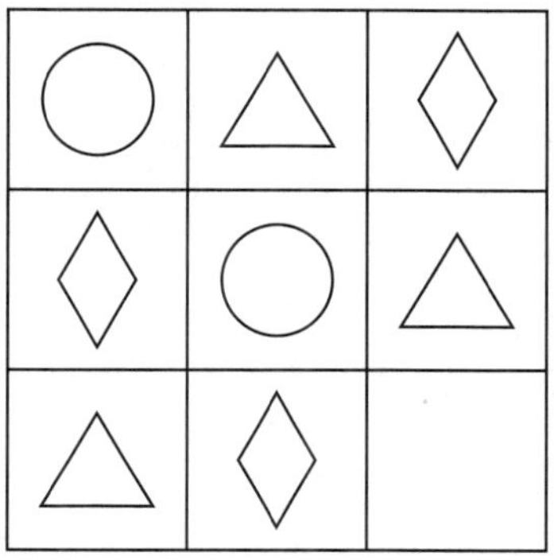

6. Setze die folgenden Reihen logisch fort.

a) 5; 10; 15; 20; ______; ______; ______

b) 1; 2; 4; 8; ______; ______; ______

c) 0; 4; 1; 5; 2; ______; ______; ______

7. Welches Symbol muss an der 19. Stelle stehen?

An der 19. Stelle steht das Symbol ______.

8. Setze die Reihe um fünf weitere Symbole logisch fort.

◀	▶	▲	▼	◀◀	▶▶					

9. Berechne mithilfe der Hundertertafel folgende Aufgaben.

1	2	3	4	5	6	7	8	9	10
11	12	13	14	15	16	17	18	19	20
21	22	23	24	25	26	27	28	29	30
31	32	33	34	35	36	37	38	39	40
41	42	43	44	45	46	47	48	49	50
51	52	53	54	55	56	57	58	59	60
61	62	63	64	65	66	67	68	69	70
71	72	73	74	75	76	77	78	79	80
81	82	83	84	85	86	87	88	89	90
91	92	93	94	95	96	97	98	99	100

a) Welche drei untereinanderstehenden Zahlen ergeben die Summe 252?

b) Addiere die in der Hundertertafel markierten Zahlen.

c) Verschiebe die Figur in Gedanken um eine Position nach links und addiere die Zahlen. Wiederhole diesen Vorgang noch einmal.

d) Was fällt dir bei der Betrachtung der Summen auf?

e) Die Summe aus b kannst du mit der gleichen Form auch mit anderen Zahlen darstellen. Zeichne sie in die Hundertertafel ein.

10. Thea behauptet: „Immer, wenn ich zwei diagonale Zahlen auf der Zahlentafel addiere, kommt abwechselnd eine gerade und eine ungerade Zahl als Summe heraus.“

Stimmt das? Rechne 4 Beispiele selbst und antworte dann.

Antwort: ______________________________

Welche Begründung fällt dir für deine Antwort ein?

____

____

____

11. Ina, Lara, Mia und Noa wollen bei dem Projekt „Schüler laufen sich gesund“ mitmachen.

Lara: „Ich will in einer Woche 210 Minuten laufen!“

Mia: „Nach einem Monat möchte ich 450 Minuten gelaufen sein.“

Noa: „Ich will in zwei Tagen durchschnittlich 34 Minuten laufen.“

Ina: „Ich habe mir vorgenommen, jeden Tag 25 Minuten zu laufen.“

a) Entwirf eine Tabelle für 1 Tag, 2 Tage, 1 Woche und 1 Monat (30 Tage) für die vier Mädchen und trage die bekannten Werte ein.

b) Fülle die Tabelle ganz aus und trage die fehlenden Durchschnittswerte ein.

Lara				

Muster und Strukturen: Test 2

1. Rechne.

a) $2 \cdot 8 + 10 =$ ____________

$3 \cdot 7 + 15 =$ ____________

$4 \cdot 6 + 20 =$ ____________

$5 \cdot 5 + 25 =$ ____________

b) Sieh dir die Aufgaben genau an. Wie muss die nächste Aufgabe in der Folge heißen? Schreibe sie auf und rechne sie aus.

____

c) Was fällt dir auf, wenn du die Ergebnisse vergleichst?

____

____

2. Finde zu jeder Reihe die passende Regel und vervollständige die Reihe.

a) 8; 10; 13; 15; 18; 20; _____; _____; _____; _____; _____

Regel: __________

b) 42; 40; 44; 42; 46; 44; _____; _____; _____; _____; _____

Regel: __________

c) 10; 20; 23; 46; 49; 98; _____; _____; _____; _____; _____

Regel: __________

d) 150; 170; 160; 180; 170; 190; _____; _____; _____; _____; _____

Regel: __________

3. Setze die Muster fort.

a)

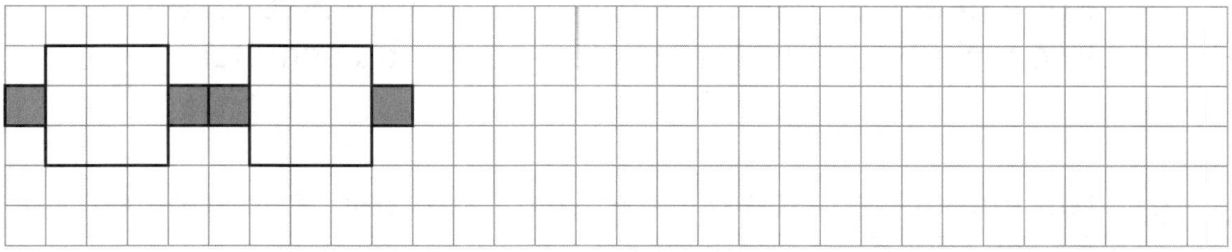

b)

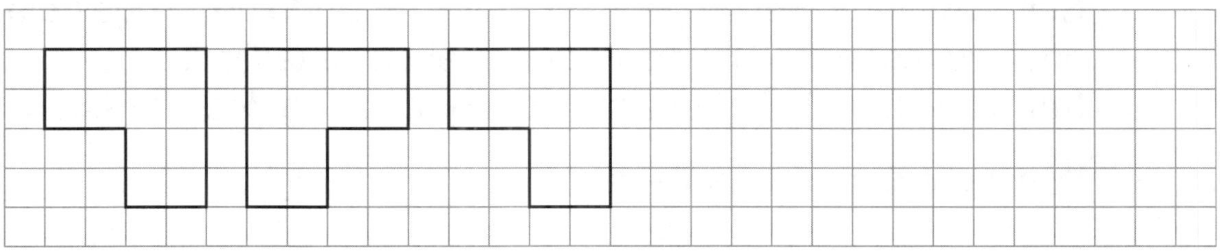

c)

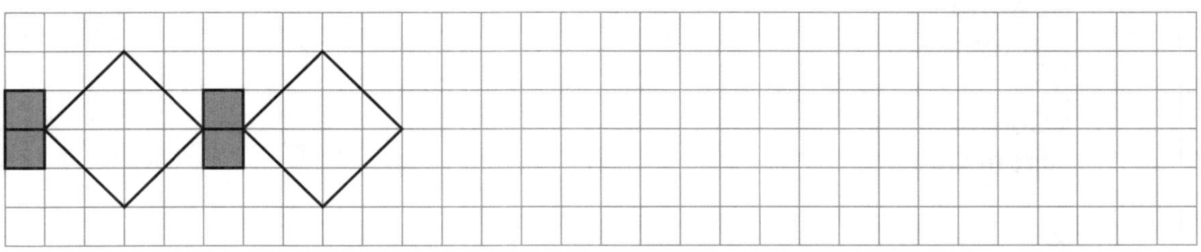

d)

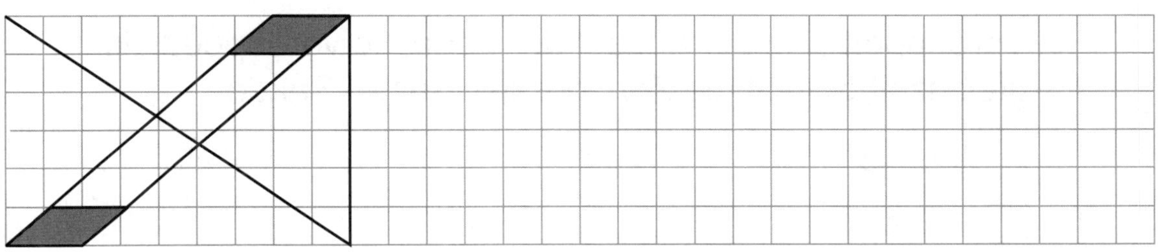

4. Hier siehst du Zahlenfolgen. In jeder Zahlenfolge ist ein Fehler. Streiche die falsche Zahl weg, schreibe die richtige Zahl und die Regel der Folge auf.

a) 16; 20; 40; 45; 88; 92; 184 ______ Regel: ______________

b) 70; 85; 76; 91; 82; 97; 88; 102 ______ Regel: ______________

c) 12; 3; 24; 6; 48; 16; 96; 24 ______ Regel: ______________

5. Karin hat zum Geburtstag ein Buch mit 900 Seiten geschenkt bekommen.

a) Karin nimmt sich vor, das Buch in 10 Tagen zu lesen.
Wie viele Seiten muss sie also jeden Tag schaffen?

____

b) Um immer den Überblick zu behalten, zeichnet Karin eine Tabelle für die erste Woche des Leseprojekts.
Darin verzeichnet sie die ersten sieben Tage, die geschafften Seitenzahlen („Seiten gelesen") und am Ende des Tages die noch zu lesenden Seitenzahlen („Seiten zu lesen").
Karin beginnt die Tabelle mit dem ersten Tag des Projektes.

Wie sieht Karins Tabelle aus?

Seiten gelesen							
Seiten zu lesen							

c) Sind die Aussagen richtig oder falsch?
Entscheide und kreuze an.

Verdoppelt sich die Anzahl der Tage, so verdoppelt sich gleichzeitig auch die Zahl der gelesenen Seiten.

☐ richtig

☐ falsch

Verdoppelt sich die Anzahl der Tage, so halbiert sich gleichzeitig die Zahl der noch zu lesenden Seiten.

☐ richtig

☐ falsch

Die Summe von „geschafften Seiten" und „noch zu lesenden Seiten" ist immer 900.

☐ richtig

☐ falsch

6. Löse mithilfe der Tausendertafel folgende Aufgaben.

10				50					100
		230							300
					360				
							480		
	520								
			640						
						770			
								990	

a) Fülle die Ausschnitte aus der Tausendertafel mit den passenden Zahlen.

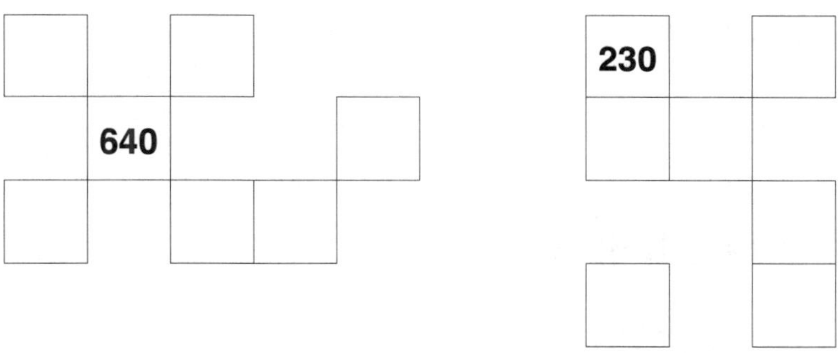

b) Färbe auf der Tafel 5 senkrechte Felder mit der Mittelzahl 430 und der Summe 2 150.

c) Finde ein anderes Muster mit 5 Zahlen, der Mittelzahl 430 und der Summe 2 150 und zeichne es im Feld ein.

d) Warum verändert sich die Summe nicht, obwohl die Muster verschieden aussehen? Versuche, einen Grund zu finden.

Muster und Strukturen: Test 3

1. Rechne und finde zu jeder Rechenreihe die Aufgabe, die sich logisch anschließt.

a) $0 \cdot 1 \cdot 2 =$ ______
$1 \cdot 2 \cdot 3 =$ ______
$2 \cdot 3 \cdot 4 =$ ______
$3 \cdot 4 \cdot 5 =$ ______

______

b) $1 \cdot 3 + 4 =$ ______
$3 \cdot 5 + 8 =$ ______
$5 \cdot 7 + 12 =$ ______
$7 \cdot 9 + 16 =$ ______

______

c) $10\,000 - 1 \cdot 2 =$ ______
$20\,000 - 2 \cdot 4 =$ ______
$30\,000 - 3 \cdot 6 =$ ______
$40\,000 - 4 \cdot 8 =$ ______

______

d) $5\,000 + 2 \cdot 2 =$ ______
$10\,000 - 4 \cdot 5 =$ ______
$15\,000 + 6 \cdot 8 =$ ______
$20\,000 - 8 \cdot 11 =$ ______

______

2. Ergänze in jeder Reihe logisch die folgenden 5 Zahlen und gib die passende Regel an.

a) 101; 111; 121; 131;

______; ______; ______; ______; ______

Regel: ______

b) 102; 127; 115; 140; 128; 153;

______; ______; ______; ______; ______

Regel: ______

c) 4; 8; 11; 22; 25;

______; ______; ______; ______; ______

Regel: ______

d) 111; 224; 339; 4 416;

______; ______; ______; ______; ______

Regel: ______

3. Streiche durch, was nicht logisch in die Reihe passt.

a) 101; 1 001; 10 001; 100 061; 1 000 001; 10 000 001;
100 000 001; 1 000 000 001

b) 0; 1; 3; 6; 10; 15; 20; 28; 36; 45; 55; 66; 78; 91; 105; 120

c) A; Aa; AaB; AaBb; AaBbC; AaBbCc; AabBCcD; AaBbCcDd;
AaBbCcDdE

d) ← ↖ ↑ ↗ → ↘ ↓ ↙ ← ↖ ↓ ↗ →

4. Was musst du in Aufgabe 3 an die durchgestrichenen Stellen schreiben, damit die Reihen stimmen?

Reihe a: ____________________ Reihe c: ____________________

Reihe b: ____________________ Reihe d: ____________________

5. a) Zeichne die nächsten beiden logischen Muster ein. Achte dabei auch auf die richtigen Abstände zum vorherigen Muster.

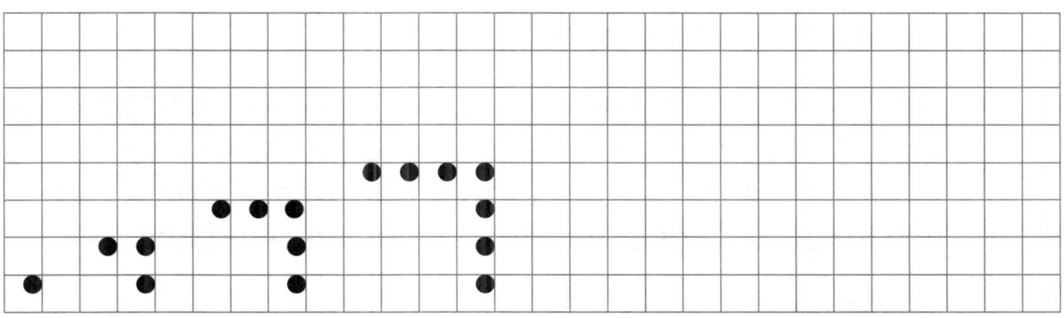

1. 2. 3. 4.

b) Aus wie vielen Zeichen besteht das 8. Muster dieser Reihe? Wie heißt die logische Regel?

Das 8. Muster besteht aus __________ Zeichen.

Die Regel lautet:

____

____

6. Opa Maler möchte seinen Gartenzaun neu streichen.
Er zählt die einzelnen Abschnitte seines Zaunes und stellt fest, dass es insgesamt 20 Teilstücke sind, die jeweils aus 8 einzelnen Latten bestehen.
Opa Maler nimmt sich vor, die Arbeit in 4 Tagen zu schaffen.
Er überlegt, wie er die Arbeit gleichmäßig verteilen muss.

a) Trage die Anzahl der Latten so in die Tabelle ein, dass Opa Maler täglich gleich viel zu tun hat.

	1. Tag	**2. Tag**	**3. Tag**	**4. Tag**
Anzahl der Latten				

b) Kreuze an, ob folgende Aussagen wahr oder falsch sind.

Je mehr Latten Opa Maler streicht,	wahr	falsch
… desto länger wird der Zaun.	☐	☐
… desto weniger Farbe ist im Eimer.	☐	☐
… desto weniger muss er noch streichen.	☐	☐
… desto leichter wird der Farbeimer.	☐	☐

c) Opa Maler möchte bei der Planung keinen Fehler machen und schreibt nun noch alle weiteren Möglichkeiten auf, die er hätte, um zwar immer gleich viel zu arbeiten, dafür aber unterschiedlich lange zu brauchen. Ergänze seine Übersicht.

Anzahl der Arbeitstage	**1**	**2**	**4**	**5**	**8**	**10**	**16**	**20**	**32**	**40**	**80**	**160**
Anzahl der Latten je Tag												

7. Löse folgende Aufgaben. Du kannst dir das Tausenderfeld zu Hilfe nehmen.

10			40						
									200
	220								
				450					
									600
710									
							980		

a) Finde 3 benachbarte Zahlen im Tausenderfeld (waagerecht, senkrecht oder diagonal), die die Summe 510 haben. Schreibe sie geordnet auf. Beginne mit der kleinsten.

Die Zahlen sind: ________, ________, ________

b) Wie viele Lösungsmöglichkeiten gibt es für diese Aufgabe?

Es gibt ________ Möglichkeiten.

c) Schreibe alle fehlenden Möglichkeiten auf. Ordne wieder von der kleinsten zur größten Zahl.

____

d) Sieh dir deine Lösungen an und überlege, worin der Grund für die verschiedenen Möglichkeiten liegt.

____

____

____

8. Oma Maler bereitet Opas Geburtstagsfeier vor.
Als Gäste werden die beiden Söhne mit ihren Ehefrauen, die Tochter mit ihrem Freund und insgesamt 5 Enkel erwartet. Außerdem sind Opas Bruder und Omas Schwester noch mit ihren Ehepartnern dabei. Für die Feier möchte Oma Maler Torten backen. Um besser planen zu können, hat sie sich eine Tabelle erstellt:

Anzahl der Torten	**1**	**2**	**3**	**4**	**5**
Anzahl der Stücke		24			
Kosten je Torte			25,50 €		
Tortenpreis beim Bäcker	14,40 €				

a) Vervollständige die Tabelle.

b) Für wie viele Personen muss Oma planen?

c) Wie viele Stücke ergibt eine Torte?

d) Wie viele Torten muss Oma backen, damit jede Person zwei Stücke essen kann?

e) Wie viel Geld muss Oma für das Backen ihrer Torten einplanen?

f) Wie viel Geld müsste Oma bezahlen, wenn sie die Torten beim Bäcker kaufen würde?

g) Wie groß ist die Differenz der Kosten?

9. Lisa übte täglich Seilspringen und schaffte 2 Wochen lang jeden Tag 4 Durchschläge mehr. Dann blieb die Anzahl der Durchschläge gleich. Begonnen hatte sie mit 16 Durchschlägen.

a) Wie viele Durchschläge schaffte sie nach einer Woche?

b) Nach wie vielen Tagen hatte sie ihre Anfangszahl bereits verdoppelt?

c) Wie viele Durchschläge schafft Lisa seither?

d) Für die Teilnahme am Seilwettkampf muss sie mindestens 90 Durchschläge schaffen. Wie viele Tage hätte Lisa sich noch verbessern müssen, um teilnehmen zu können?

▶ Kompetenzbereich Raum und Form

1. Welche Figuren haben gleich große Flächen?
Kreuze an.

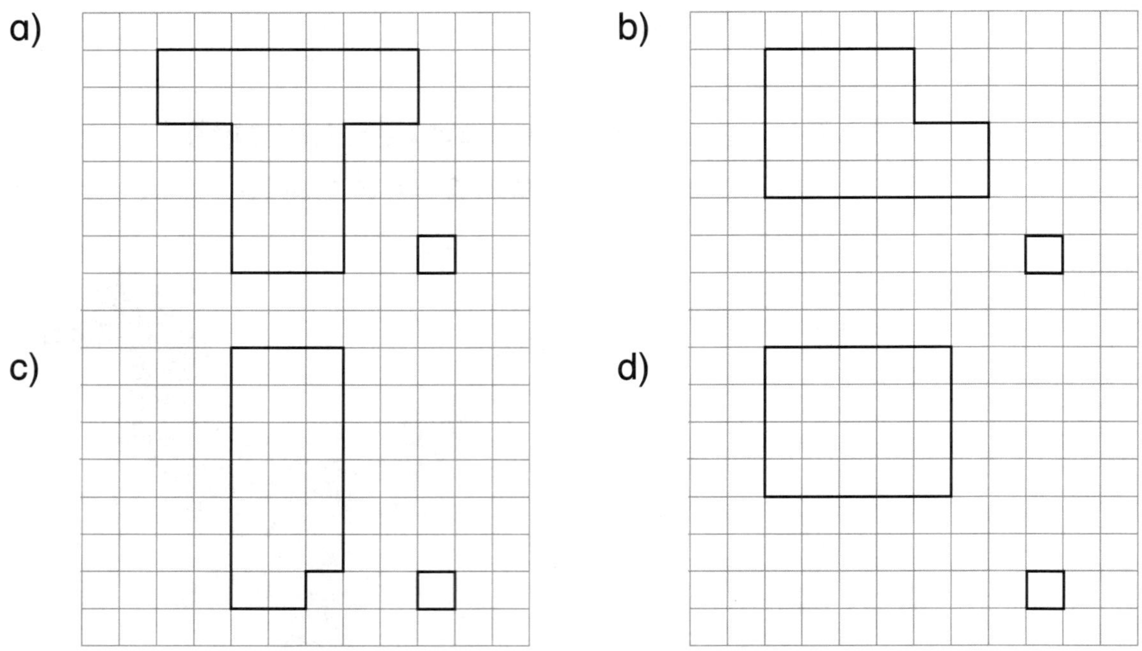

Erklärung: ______________________________

____

2. Sortiere die Figuren aus Aufgabe 1 nach der Größe ihres Umfangs.
Nenne die Figur mit dem größten Umfang zuerst.

____

3. Zeichne eine Figur, die anders aussieht, aber den gleichen Flächeninhalt hat wie die Figur in Aufgabe 1 b.

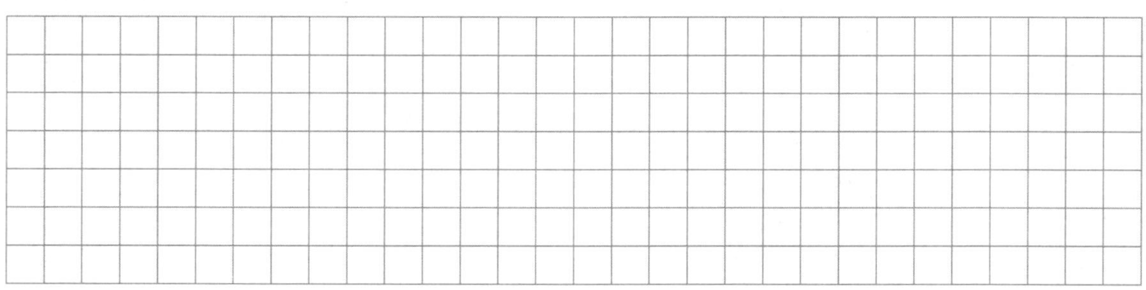

4. Zeichne in die Figuren alle Symmetrieachsen ein.

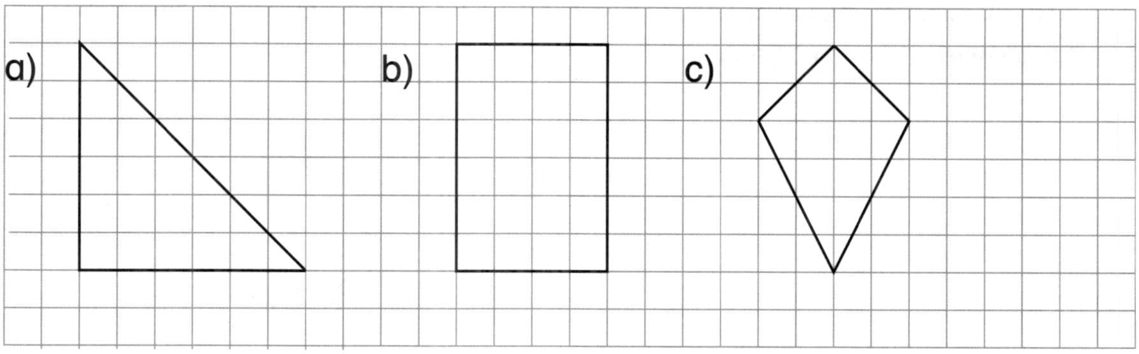

5. Zeichne in die Figuren aus Aufgabe 4 alle rechten Winkel ein.
Benutze das Winkelzeichen ⊾ .

6. Zeichne diese geometrischen Figuren halb so groß.

a)

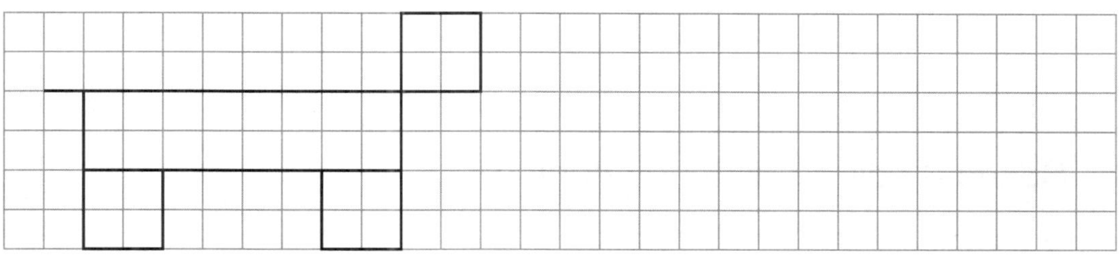

b)

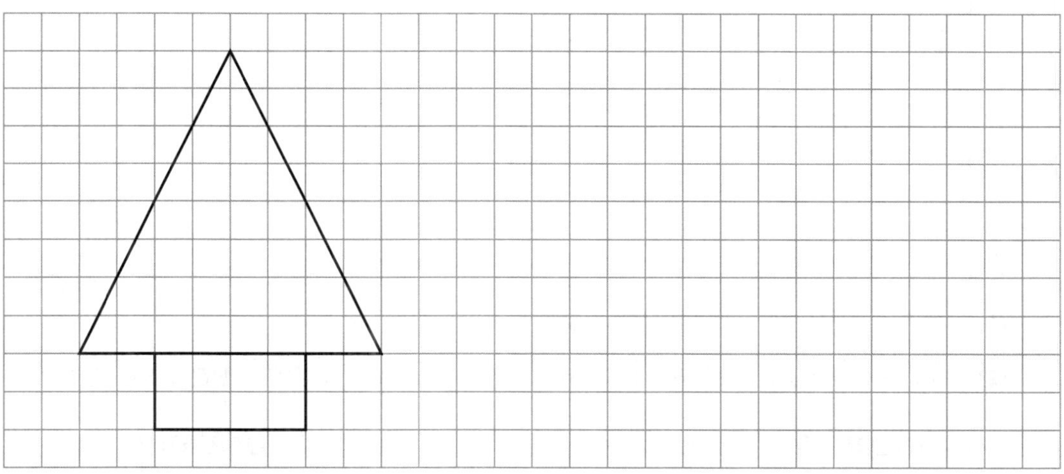

7. Zeichne um den Punkt M einen Kreis mit einem Radius von 34 mm. Zeichne den Radius blau und den Durchmesser grün ein und schreibe ihre Länge auf.

+
M

Radius: ______________________

Durchmesser: ______________________

8. Schau dir die Abbildung genau an.

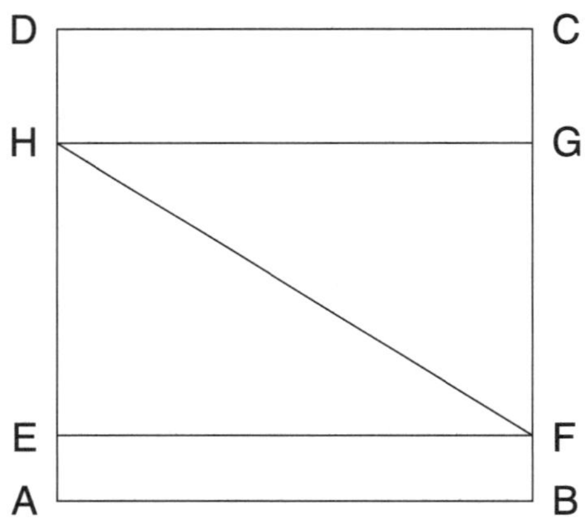

a) Wie viele geometrische Figuren kannst du entdecken?

Anzahl der Dreiecke: ________ Anzahl der Vierecke: ________

b) Welche der Vierecke sind Rechtecke? Benenne sie mithilfe der Eckpunkte.

Rechtecke: ____

c) Male die Vierecke, die keine Rechtecke oder Quadrate sind, verschiedenfarbig aus.

9. a) Zeichne jeweils einen Bauplan zu den Würfelbauten.

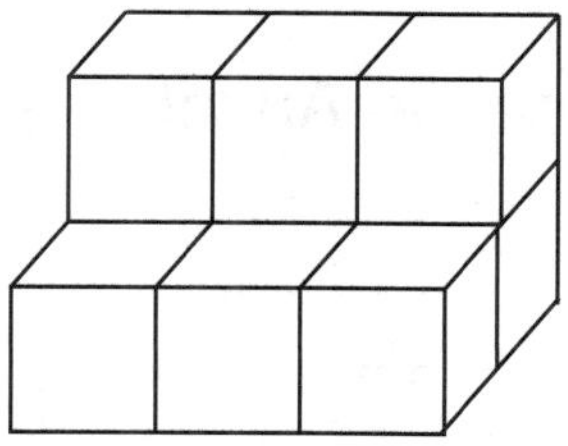 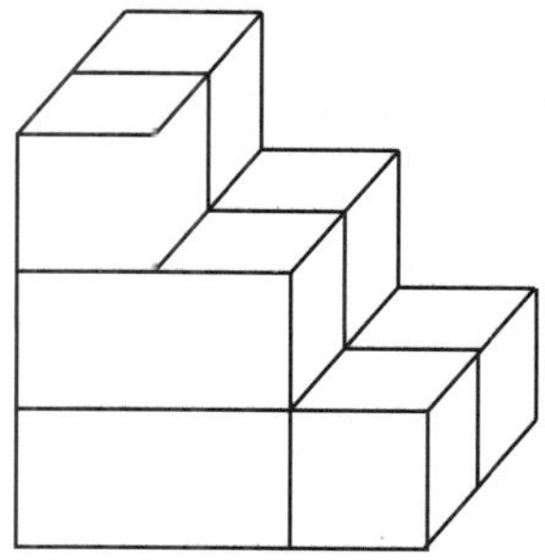 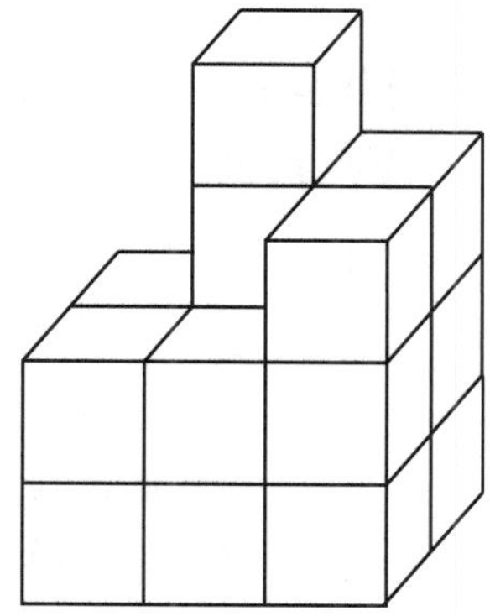

b) Gib an, wie viele kleine Würfel du noch brauchen würdest, um die Bauten zu einem kleinstmöglichen Quader zu ergänzen.

Fehlende Würfel für einen Quader:

_______ Würfel   _______ Würfel   _______ Würfel

c) Wie viele kleine Würfel fehlen dir zum nächstmöglichen großen Würfel?

Es fehlen noch:

_______ Würfel   _______ Würfel   _______ Würfel

10. Welche Netze kannst du zu einem Würfel falten?
Kreuze an.

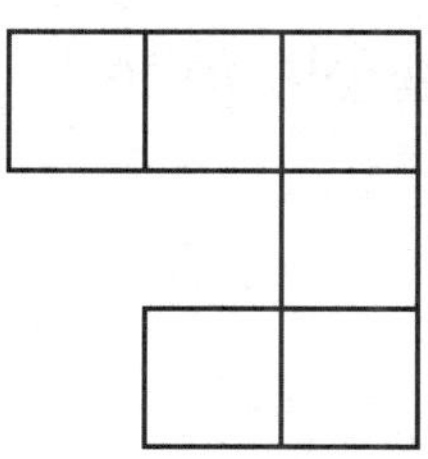 ☐ 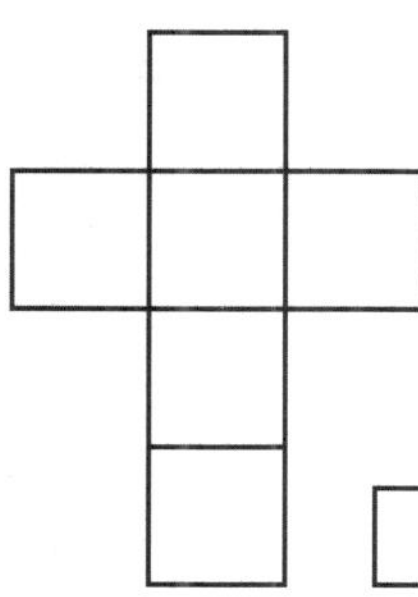 ☐ 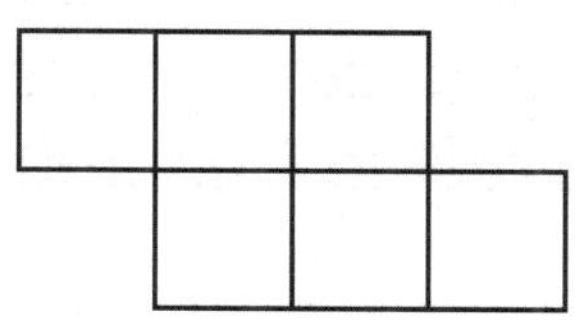 ☐

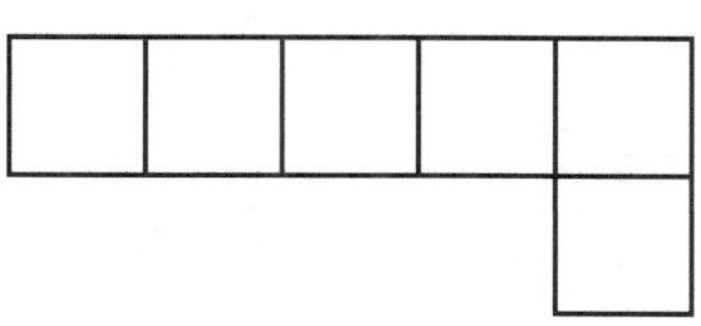 ☐ 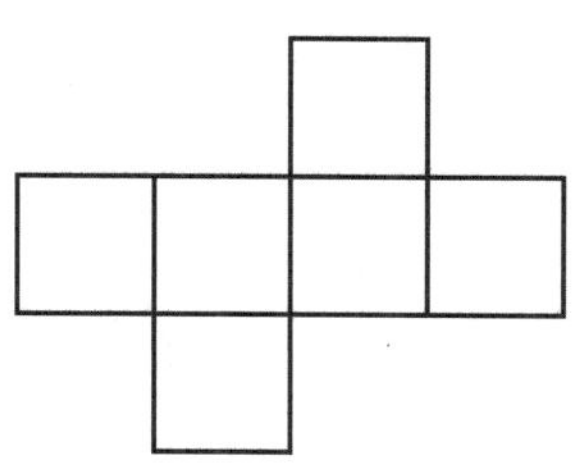 ☐

Raum und Form: Test 2

1. Hier siehst du zwei Würfelgebäude. Bestimme die Anzahl der Würfel.

a) 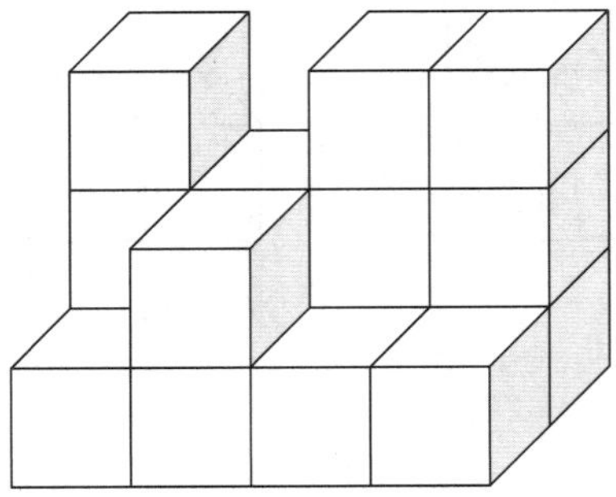

_______ Würfel

b) 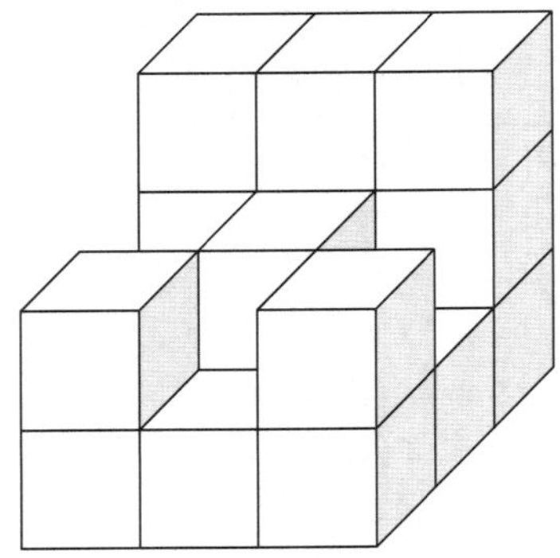

_______ Würfel

2. Hier wurden beim Zeichnen der Spiegelfiguren Fehler gemacht. Korrigiere die Fehler in der rechten Hälfte mit einem grünen Stift.

a) 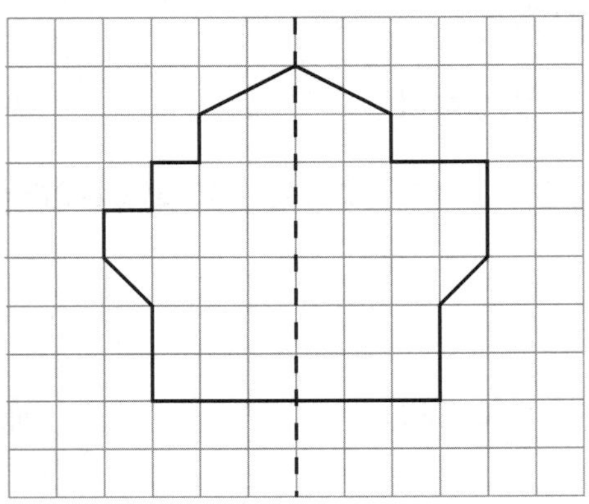

b) 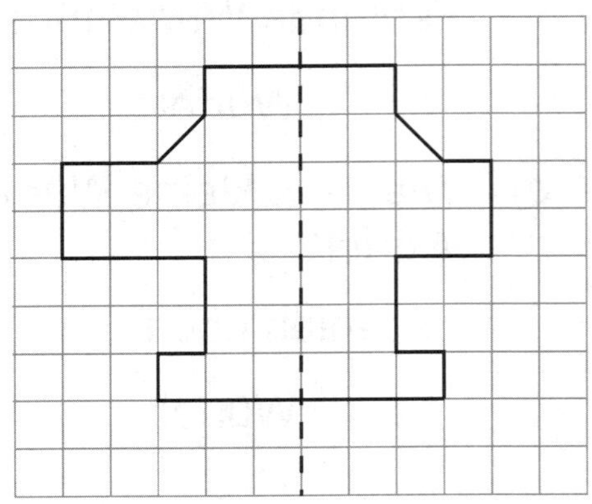

3. Hier siehst du zwei Geobretter.
Spiegele an der Symmetrieachse und zeichne die gespiegelte Figur auf das rechte Geobrett.

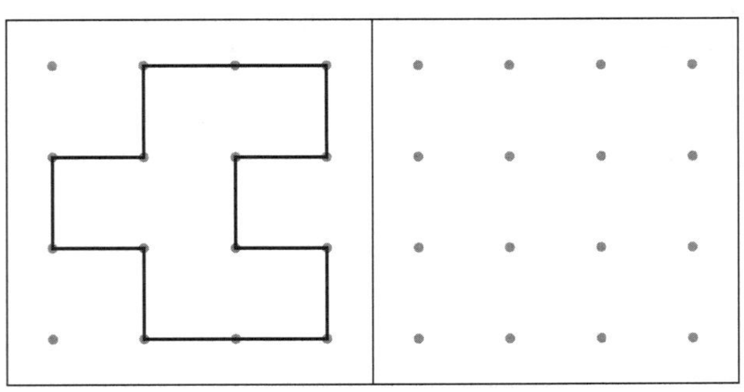

4. Wie viele Ecken, Kanten und Flächen haben die genannten Figuren? Trage ein.

	Ecken	Kanten	Flächen
Würfel			
Quader			
Kugel			
Pyramide			
Zylinder			

5. Zeichne bei den abgebildeten Netzen die sechste Fläche so ein, dass ein richtiges Würfelnetz entsteht.

a)
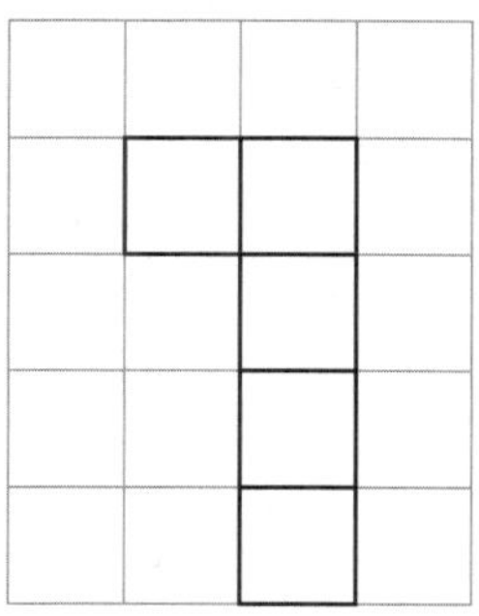

b)
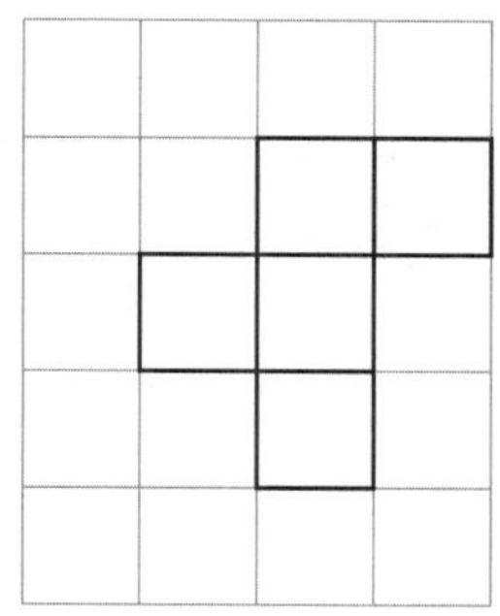

6. Kreuze die Rechtecke an, in denen die grauen Flächen genauso groß sind wie die weißen Flächen.

a)
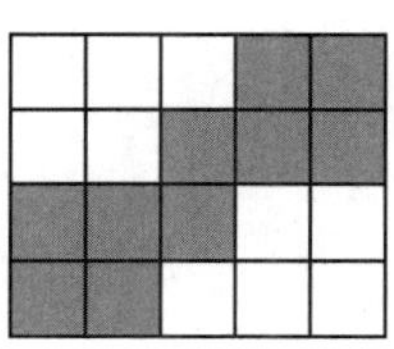
☐

b)
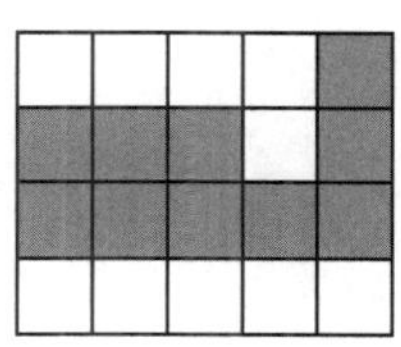
☐

c)
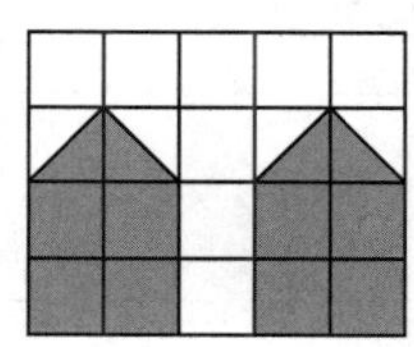
☐

7. Berechne den Umfang dieser Figur:
Seite a: 6 Kästchen, Seite b: 4 Kästchen, Seite c: 8 Kästchen, Seite d: 8 Kästchen, Seite e: 14 Kästchen, Seite f: 4 Kästchen

Antwort: ______________________________

____

8. Zeichne den Bauplan zu diesem Würfelgebäude.

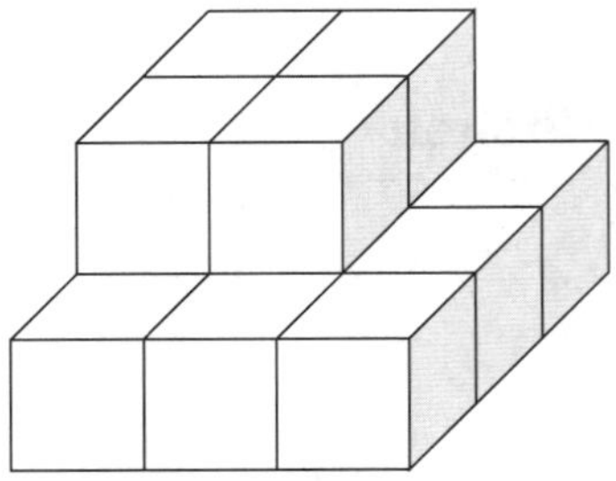

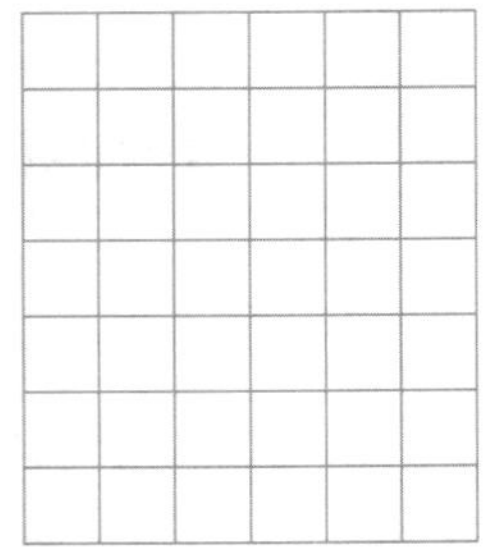

9. Laura hat 20 Würfel. Welches Würfelgebäude kann sie nachbauen? Kreuze an.

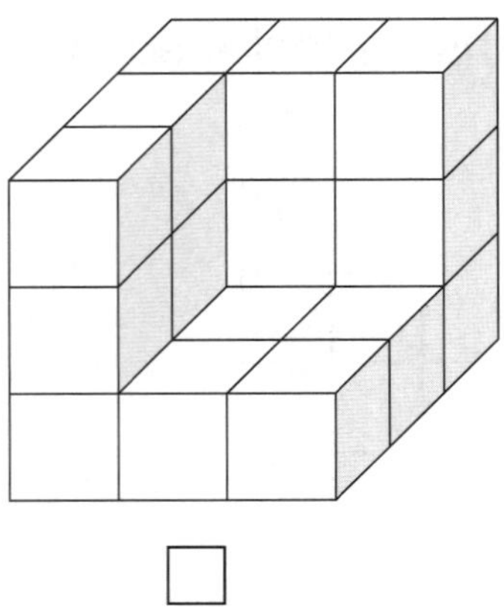

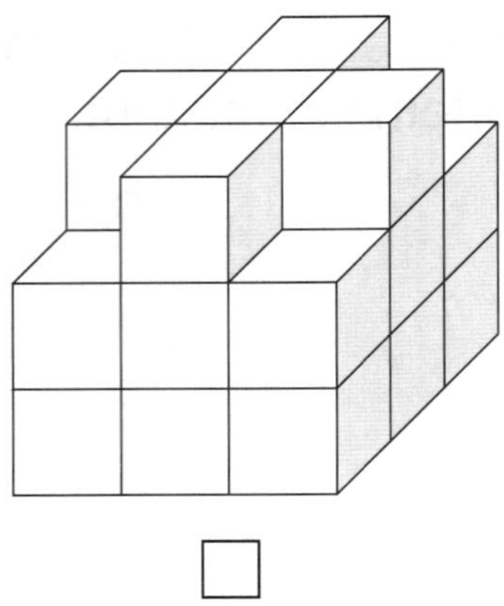

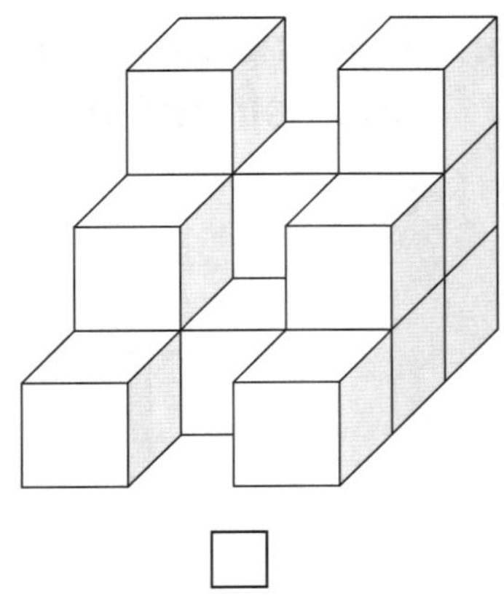

10. Zerlege die Rechtecke mit jeweils einer Geraden so, dass die vorgegebenen Figuren entstehen.

Beispiel:

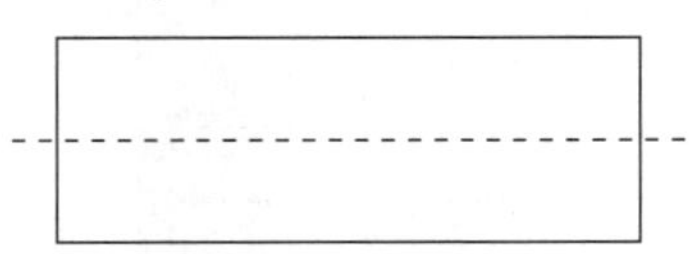

2 Rechtecke

a)

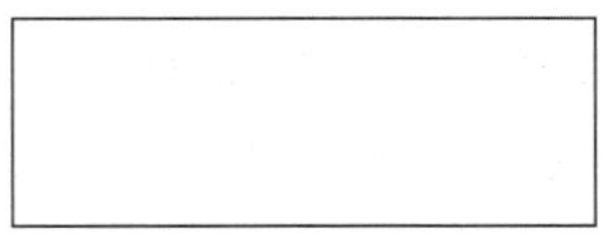

2 Dreiecke

b)

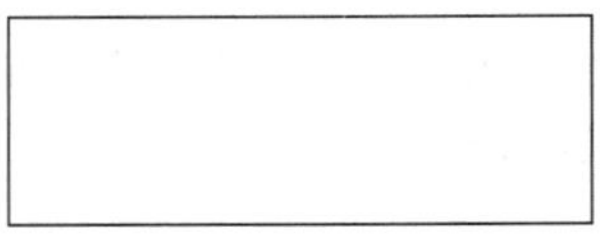

1 Dreieck und
1 Fünfeck

c)

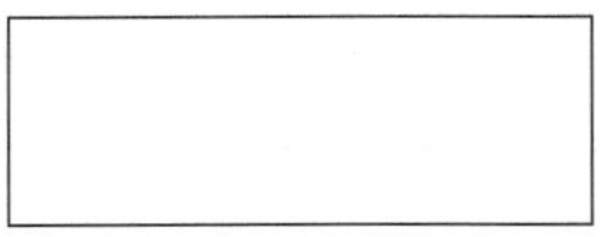

1 Rechteck und
1 Quadrat

11. Welcher Grundriss gehört zu welchem Bauwerk?

A 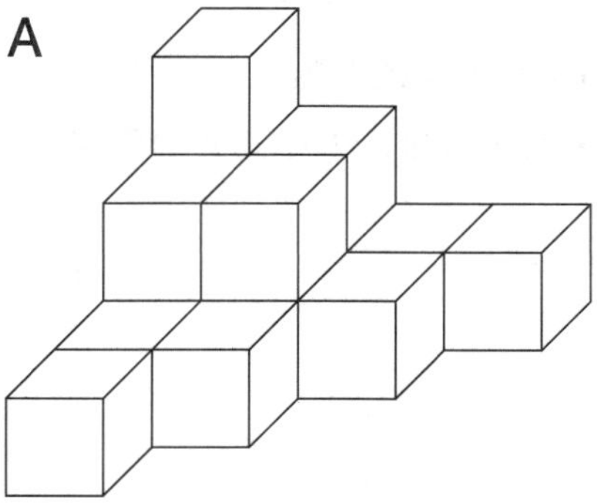 B 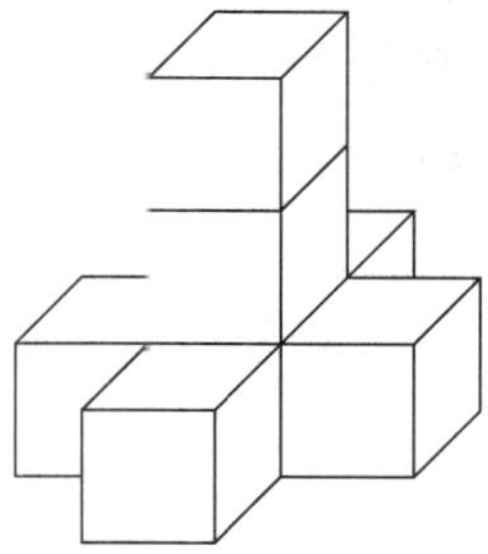 C 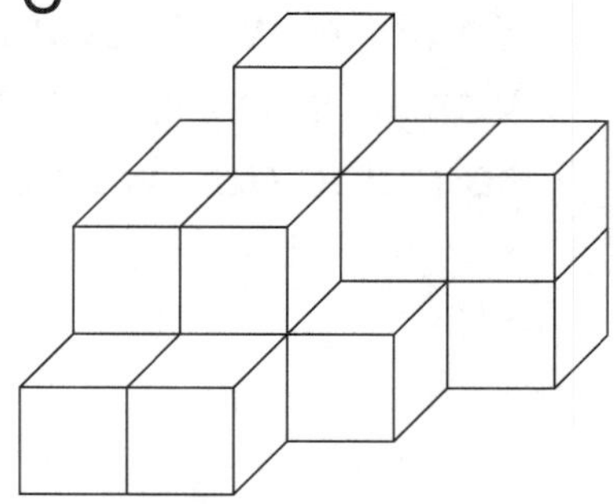

1 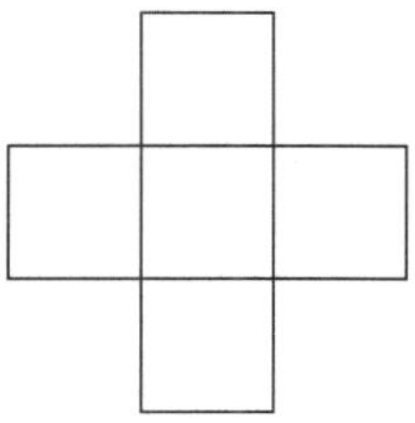 2 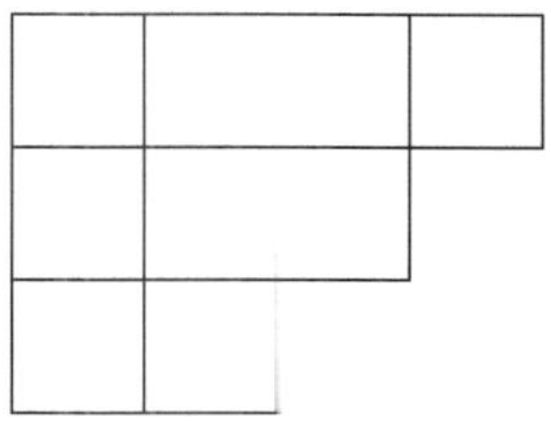 3 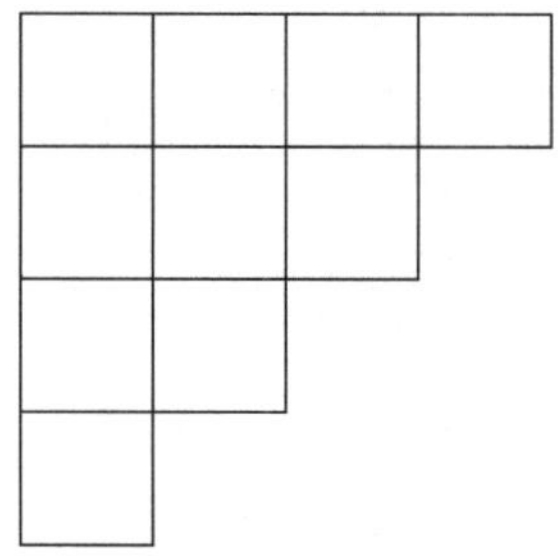

____ gehört zu ____. ____ gehört zu ____. ____ gehört zu ____.

12. Du willst aus Papier und Hölzern einen Quader bauen.
Folgende Materialien stehen dir zur Verfügung.

Was benötigst du?

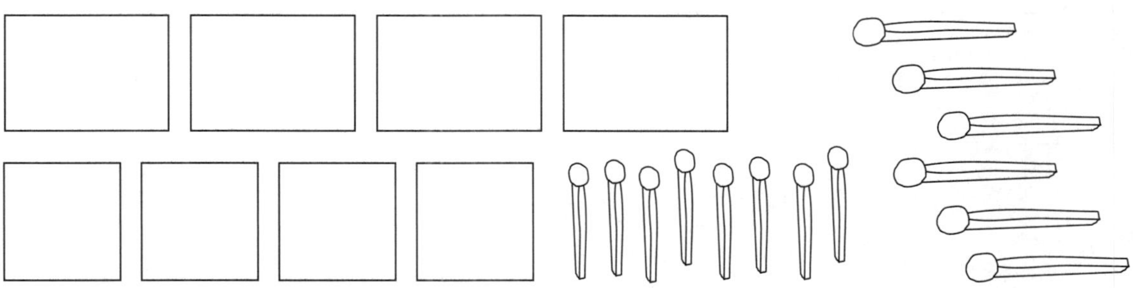

Antwort: ______________________________

____

13. Zeichne einen Kreis mit einem Durchmesser von 4,8 cm um den Mittelpunkt P.
Zeichne zwei zueinander senkrechte Durchmesser ein.
Vergleiche die entstandenen Teile deines Kreises miteinander und schreibe auf, was du feststellst.

X
P

Feststellung: ______________________________

____

____

1. Leo stellt aus einem 1,28 m langen Draht das Kantenmodell eines Würfels her. Er schneidet den Draht in gleich lange Stücke und lötet diese an den Ecken zusammen. Es bleiben 8 cm Draht übrig.

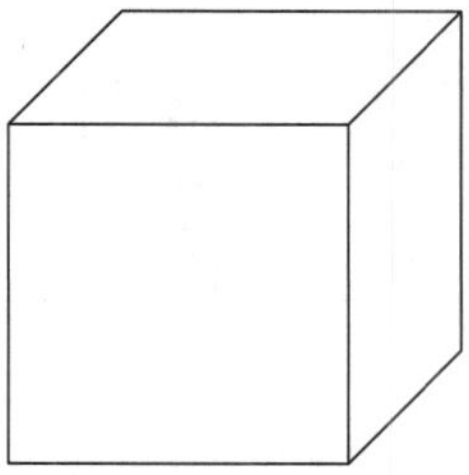

Wie lang ist eine Kante des Würfels?

Antwort: Jede Kante ist ______________________.

2. Schau dir die Abbildung genau an.

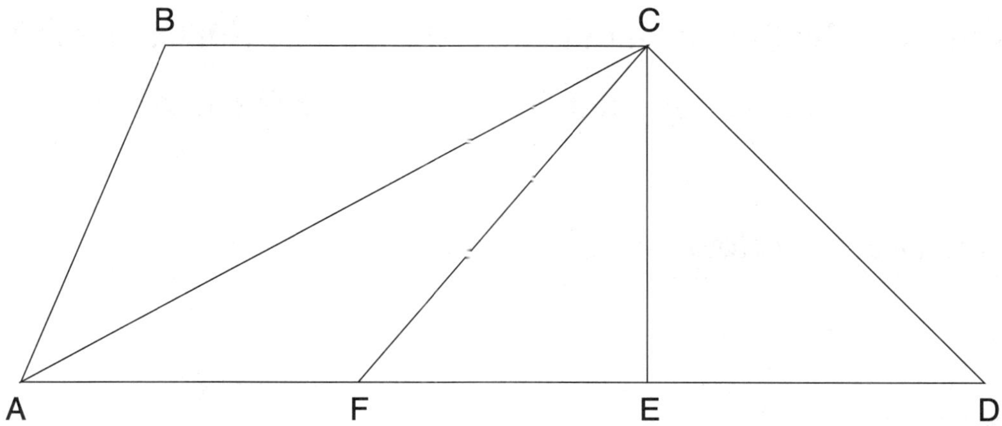

a) Wie viele Dreiecke gibt es in der Abbildung? Gib die Dreiecke mit den Eckpunkten an.

Antwort: Es gibt ______________________.

Die Dreiecke heißen AEC, ______________________.

b) Wie viele Vierecke gibt es in der Abbildung? Gib die Vierecke mit den Eckpunkten an.

Antwort: Es gibt ______________________.

Die Vierecke heißen AECF, ______________________.

3. a) Ergänze die Figuren zu achsensymmetrischen Figuren.

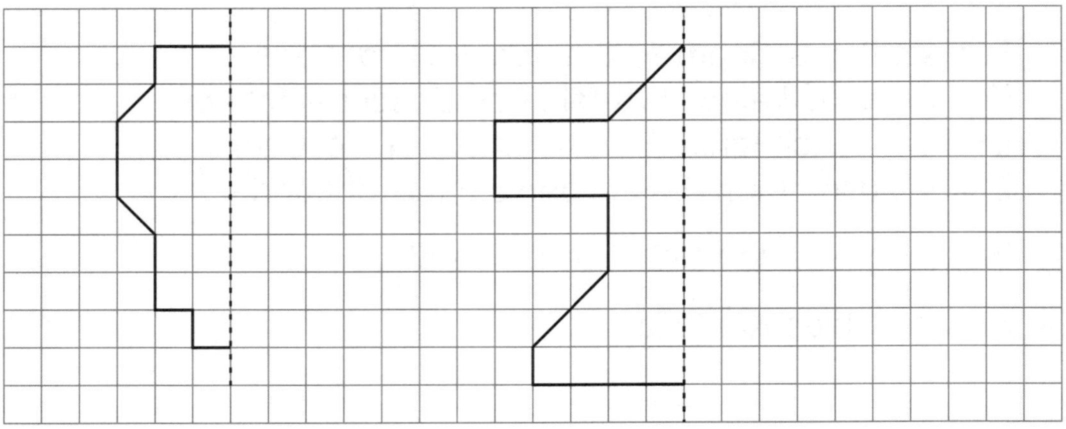

b) Wie groß ist der Flächeninhalt der beiden Gesamtfiguren?

Antwort: Die Fläche der Figur A ist ________ Kästchen groß

und die der Figur B ist ________ Kästchen groß.

4. Lars hat dieses Würfelgebäude gebaut.

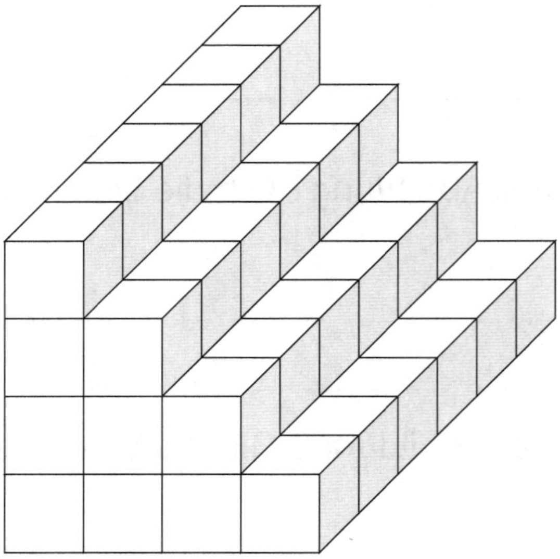

a) Bestimme die Anzahl der Würfel.

Antwort: Es sind ______________________.

b) Lars möchte sein Würfelgebäude ringsherum (auch an der Unterseite) grün anmalen. Wie viele Würfelflächen muss er dazu grün färben?

Antwort: Lars muss ______________________________.

5. Finde die Fehler und korrigiere die Zeichnungen.

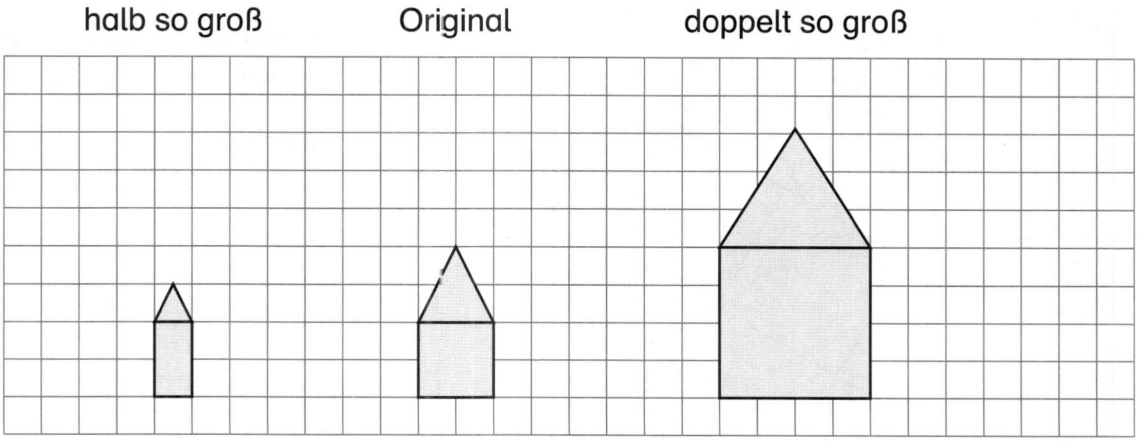

6. Zeichne drei Geraden, die

a) parallel zu der vorgegebenen Geraden sind.

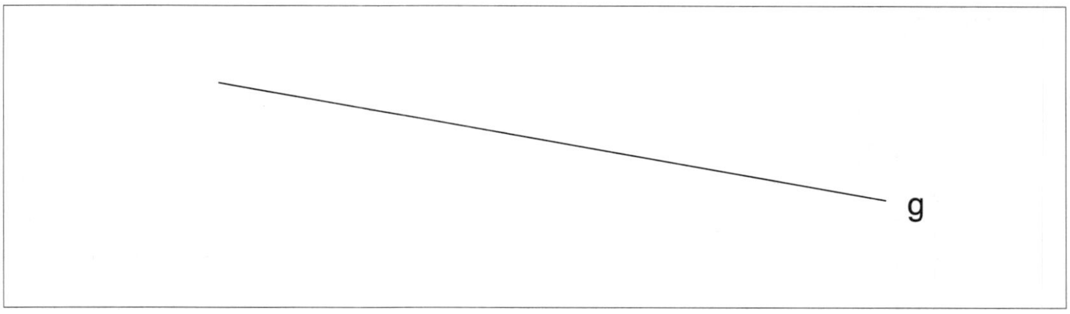

b) senkrecht zu der vorgegebenen Geraden sind.

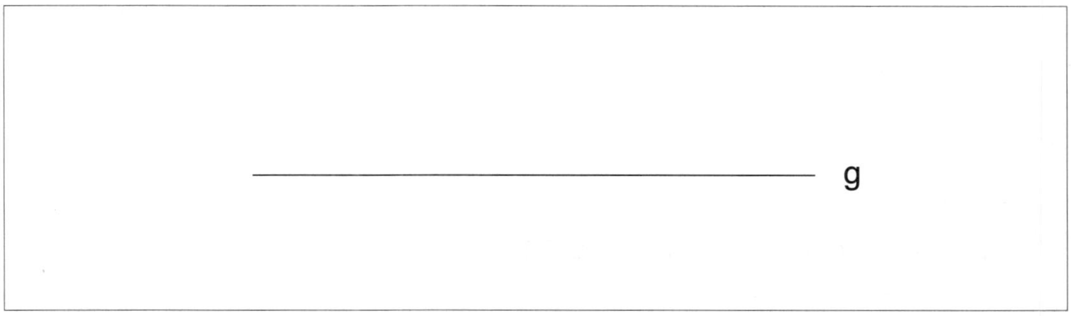

c) sich so schneiden, dass zwei Schnittpunkte entstehen.

7. Trage in die Tabelle ein.

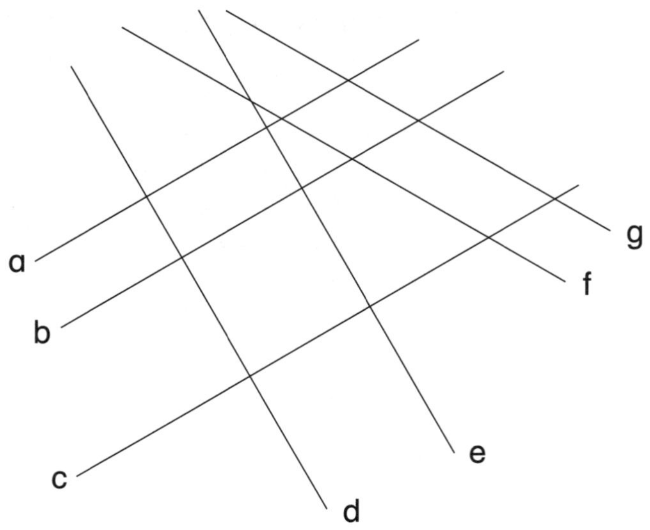

Parallel zueinander	**Senkrecht zueinander**
a und b	b und d

8. Zeichne die fehlenden Rechtecke so ein, dass ein Quadernetz entsteht.

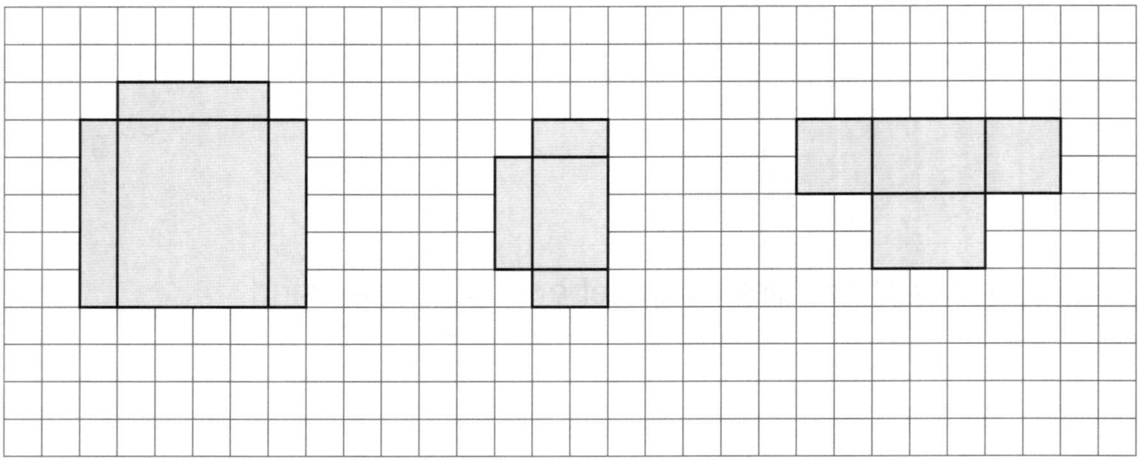

9. Ergänze zu einem Pyramidennetz.

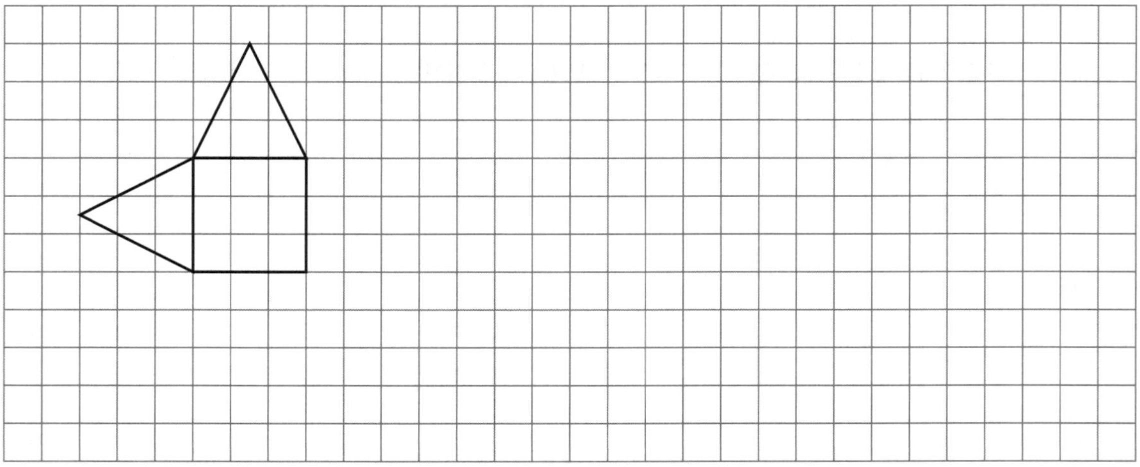

10. Zeichne drei verschiedene Kinderzimmer, die je 28 Kästchen groß sind.

11. Berechne den Umfang der drei Grundstücke.

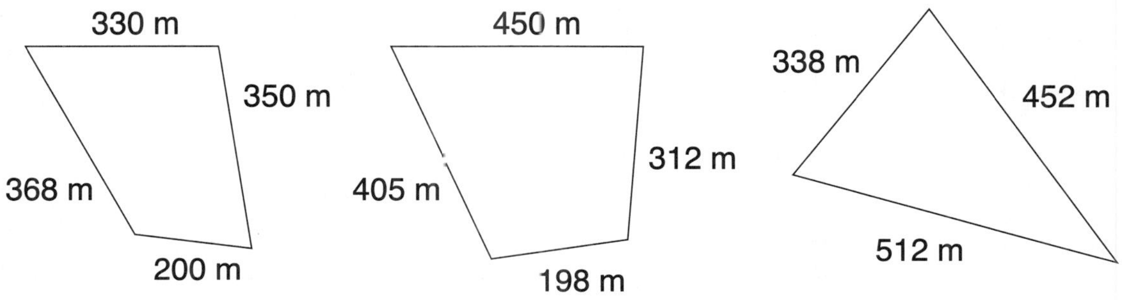

Grundstück A: ____________________

Grundstück B: ____________________

Grundstück C: ____________________

12. Zeichne die Rechtecke und bestimme die fehlenden Angaben.

	A	B	C	D
Länge	3 cm		3,5 cm	
Breite	4,5 cm	2,5 cm		
Umfang		9 cm	13 cm	14 cm
Fläche (Anzahl Kästchen)				48

13. Zeichne einen Kreis mit dem Durchmesser 3,5 cm und ein Rechteck mit den Seiten a: 5,5 cm und b: 3,8 cm, die

a) einen Punkt gemeinsam haben.

b) zwei Punkte gemeinsam haben.

c) drei Punkte gemeinsam haben.

▶ Kompetenzbereich Daten, Häufigkeiten und Wahrscheinlichkeiten

1. In den folgenden Tabellen siehst du die Schülerzahlen von zwei Grundschulen.

Schüler der Waldschule

Schuljahr	**1**	**2**	**3**	**4**
Jungen	156	121		86
Mädchen	123		107	102
Gesamtzahl		248	196	

Schüler der Comenius-Schule

Schuljahr	**1**	**2**	**3**	**4**
Jungen		87		73
Mädchen	98		112	
Gesamtzahl	165	168	205	145

a) Berechne die fehlenden Zahlen und trage sie ein.

b) Wie viele Schüler gehen insgesamt in die Waldschule und in die Comenius-Schule?

Antwort: ______________________________

____

c) Wie groß ist der Unterschied der Schülerzahlen beider Schulen?

Antwort: ______________________________

____

2. Dieses Diagramm zeigt die Haustiere der Kinder einer 4. Klasse.

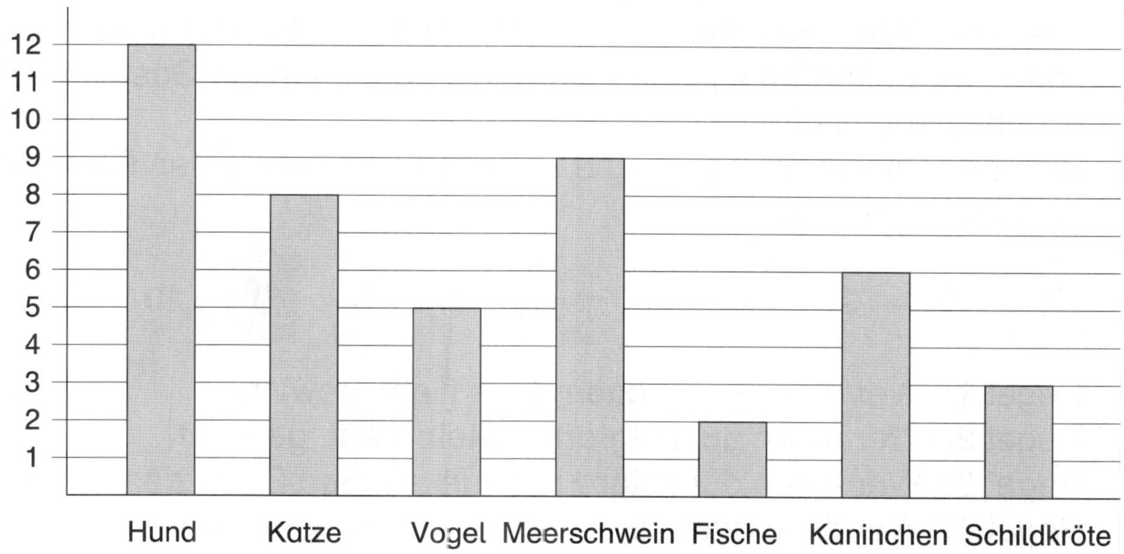

a) Wie viele Kinder haben einen Hund? ____________

b) Welches Haustier haben die meisten Kinder? ____________

c) Welches Haustier haben die wenigsten Kinder? ____________

d) Wie viele Kinder haben ein Meerschweinchen? ____________

3. Anton, Laura und Florian würfeln mit einem Spielwürfel jeweils 4-mal hintereinander. Sie addieren bei jedem Wurf die Zahlen. Dann ist der nächste Spieler an der Reihe. Sie betrachten ihre Ergebnisse und stellen verschiedene Behauptungen auf.

Welche Aussagen sind richtig? Kreuze an.

- ☐ Die Summe 4 oder die Summe 24 zu würfeln, ist sehr unwahrscheinlich.
- ☐ Die Summe 20 würfelt man nur, wenn man 4-mal hintereinander die 5 würfelt.
- ☐ Die Wahrscheinlichkeit, durch die Würfe 3, 3, 3, 1 oder durch die Würfe 1, 2, 3, 4 auf die Summe 10 zu kommen, ist bei beiden Zahlenkombinationen gleich hoch.
- ☐ Die höchste Summe, die man in einem Spielzug erreichen kann, ist die Summe 30.
- ☐ Die Summe 3 fällt nie.

4. Jenny will eine kleine Tombola am Geburtstag ihres Bruders veranstalten. Sie nimmt 10 Bauklötze und nummeriert sie durch. Die Bauklötze sind entweder hellgrau, dunkelgrau oder weiß lackiert. Jenny wirft die Klötzchen in einen Sack, aus dem die Gäste und ihr Bruder ziehen sollen.
Sie überlegt sich verschiedene Regeln, wann man einen Gewinn bekommen könnte.

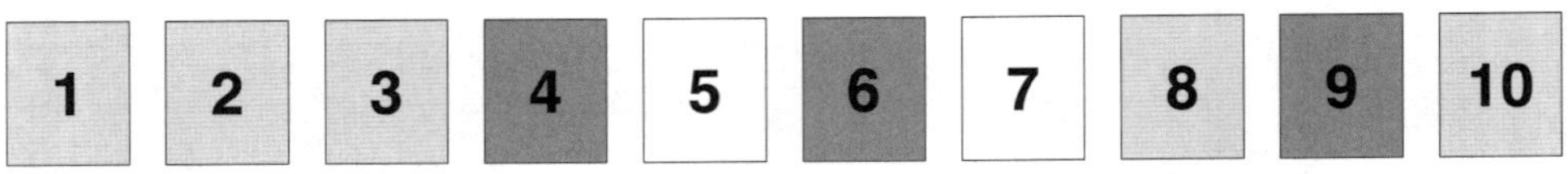

Regel 1: Wer einen hellgrauen Stein zieht, gewinnt.
Regel 2: Wer einen dunkelgrauen Stein zieht, gewinnt.
Regel 3: Wer einen dunkelgrauen oder weißen Stein zieht, gewinnt.
Regel 4: Wer die 8 oder einen weißen Stein zieht, gewinnt.
Regel 5: Wer die 1, 2, 9 oder 10 zieht, gewinnt.
Regel 6: Wer einen weißen Stein zieht, gewinnt.
Regel 7: Wer die 5 zieht, gewinnt.

a) Bei welcher Regel sind die Gewinnchancen am niedrigsten?

b) Begründe deine Antwort:

c) Sortiere die Regeln nach den Gewinnchancen. Beginne mit den Regeln, deren Gewinnchancen am höchsten sind.
Achtung: Manche Regeln haben gleich hohe Gewinnchancen!

5. Die Kartenverkäuferin Greta Kruse erzählt vom Kartenverkauf. Erstelle eine Tabelle mit den Informationen aus dem Text und fülle die leeren Felder aus.

Unser Theater hat drei Bühnen: die *große Bühne*, die *kleine Bühne* und eine *Laienbühne*. Das Stück auf der *großen Bühne* wurde in der letzten Woche von 750 Zuschauern besucht. Den *Normalpreis* haben 600 bezahlt, der Rest der Besucher – also die Rentner und Studenten – bezahlte den *ermäßigten Preis*. Unsere günstigen *Kindertickets* haben wir überhaupt nicht verkauft, da das Stück ausschließlich für Erwachsene ist.
Insgesamt waren damit in der *großen Bühne* 5-mal mehr Zuschauer, als unsere *Laienbühne* in der letzten Woche an zahlenden Zuschauern melden konnte. 20 *Kindertickets* haben wir insgesamt für die Aufführungen der *Laienbühne* verkauft. Der Rest der Karten wurde genau zur Hälfte zum *Normalpreis* verkauft und zur anderen Hälfte *ermäßigt*.
Auf unserer *kleinen Bühne* läuft gerade ein sehr erfolgreiches Kinder-musical. Das Musical haben doppelt so viele Zuschauer gesehen, wie das Stück auf der *Laienbühne*. Zwei Drittel der Besucher waren natürlich Kinder, die auch das entsprechende Ticket gekauft haben. 20 Zuschauer bezahlten den *ermäßigten Preis*.
Wir waren mit unserem Kartenverkauf in den letzten Wochen sehr zufrieden!

Karte normal			
gesamt			

6. Lisa plant ihre Zukunft. Sie sagt: „Ich möchte einmal eine Familie gründen und unbedingt drei Mädchen bekommen!"
Ole sagt: „Ich will auch einmal drei Kinder haben. Aber es sollen genau zwei Jungen und ein Mädchen sein. Dabei ist mir egal, in welcher Reihenfolge sie auf die Welt kommen."

Ist die Wahrscheinlichkeit gleich hoch, dass Lisas und Oles Zukunftswünsche in Erfüllung gehen?

Zeichne ein Baumdiagramm.

Antwort: ______________________________

Daten, Häufigkeiten und Wahrscheinlichkeiten: Test 2

1. Diese Abbildung zeigt die Fernsehgewohnheiten der Kinder einer 4. Klasse.

Diese Sendungen sehen die Schüler am liebsten:

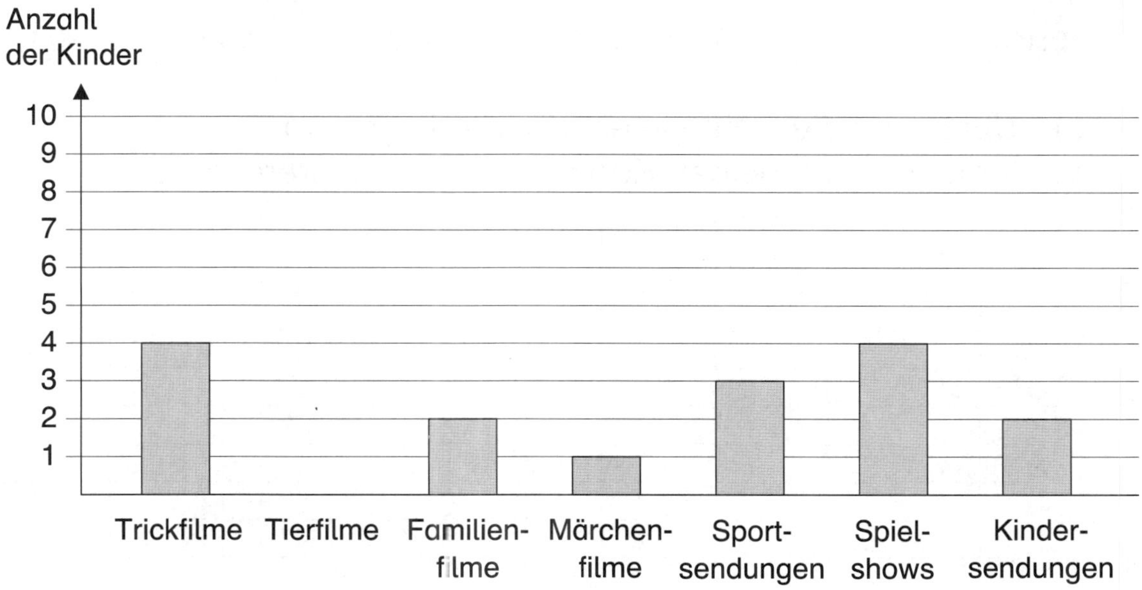

a) Wie viele Kinder schauen am liebsten Spielshows?

____

b) 7 Kinder schauen am liebsten Tierfilme.
Zeichne die Säule in das Säulendiagramm.

c) Welche Sendungen schauen die meisten Kinder am liebsten?

____

d) Welche Sendungen schauen die wenigsten Kinder am liebsten?

____

2. In der Tabelle sind die Besucherzahlen des Freiluftkinos „Sommerheide“ dargestellt.

	Mai	Juni	Juli	August	September
Kinder	400	700	100	600	400
Erwachsene	1 000	1 400	400	1 200	900

a) Übertrage die Daten in ein Kurvendiagramm.
Male jede der beiden Kurven in einer anderen Farbe.

b) In einem Monat waren die Besucher nicht sehr zahlreich.
Welcher Monat war das?

c) Kannst du dir einen Grund denken, warum die Zahlen in diesem Monat so niedrig waren?

3. Die Tabelle enthält viele Informationen.
Welche Fragen kannst du mithilfe der Tabelle beantworten?
Kreuze jeweils die richtige Antwort an.

Spannbreite der Flügel und höchste Fluggeschwindigkeit verschiedener Tiere:

	Florfliege	**Schmetterling**	**Mauersegler**	**Eule**
Spannbreite	20 mm	5 cm	56 cm	1,10 m
Geschwindigkeit	2 km/h	8 km/h	320 km/h	70 km/h

a) Ein Schmetterling fliegt 4-mal so schnell wie eine Florfliege.

☐ richtig ☐ falsch ☐ kann man nicht beantworten

b) Ein Schmetterling fliegt 40-mal langsamer als ein Mauersegler.

☐ richtig ☐ falsch ☐ kann man nicht beantworten

c) Ein Mauersegler kann schneller fliegen als ein Adler.

☐ richtig ☐ falsch ☐ kann man nicht beantworten

d) Je größer ein Tier ist, umso schneller fliegt es auch.

☐ richtig ☐ falsch ☐ kann man nicht beantworten

4. Wie viele Möglichkeiten gibt es, um folgende Zahlen mit zwei Würfeln zu erwürfeln?
Schreibe die Möglichkeiten auf.

a) Du hast die Summe 12 gewürfelt.

____

b) Du hast die Summe 8 gewürfelt.

____

c) Du hast die Summe 3 gewürfelt.

____

5. Sicher kannst du nun auch erklären, warum die Wahrscheinlichkeit, die Summe 3 mit drei Würfeln zu würfeln, geringer ist, als die Wahrscheinlichkeit, die Summe 13 zu würfeln.

____

____

6. Max, Julius und Sara überlegen sich verschiedene Spiele.
Max sagt: „Bei meinem Spiel gewinnt derjenige, der mit einem Würfel eine 6 würfelt."
Julius sagt: „Bei meinem Spiel gewinnt derjenige, der beim Werfen einer Münze die Zahl wirft."
Sara sagt: „Ich habe 13 Zettel mit den Zahlen 1 bis 13 beschriftet. Der eine Spieler gewinnt, wenn daraus eine gerade Zahl gezogen wird, der andere Spieler gewinnt, wenn eine ungerade Zahl gezogen wird."

a) Bei welchem Spiel sind die Chancen zu gewinnen und zu verlieren gleich hoch?

____

b) Bei welchem Spiel sind die Gewinnchancen am niedrigsten?

____

c) Du spielst mit Sara. Sie wählt die ungeraden Zahlen, um zu gewinnen. Hat sie bessere Gewinnchancen als du?

____

____

d) Wie oft muss Max würfeln, bis er endlich eine 6 würfelt?

____

Daten, Häufigkeiten und Wahrscheinlichkeiten: Test 3

1. Seit 10 Jahren steht in Opa Malers Garten ein großer Apfelbaum, auf den Opa Maler sehr stolz ist. Über die Entwicklung des Baumes führt er eine Tabelle.

Jahr	**1.**	**2.**	**3.**	**4.**	**5.**	**6.**	**7.**	**8.**	**9.**	**10.**
Ernte in kg	5	8	14	28	33	48	58	65	67	70
Baumhöhe in m	1	1,8	3	3,5	4	4	4	4	4	4

Sieh dir die Tabelle an und entscheide, ob die folgenden Aussagen wahr oder falsch sind oder ob man die Antwort gar nicht wissen kann.

	wahr	falsch	kann man nicht beantworten
a) Der Apfelbaum trug in jedem Jahr mehr Früchte als im Vorjahr.	☐	☐	☐
b) Der Apfelbaum wuchs jedes Jahr gleich viel.	☐	☐	☐
c) Im ersten Jahr war der Baum viermal so groß wie im 5. Jahr.	☐	☐	☐
d) In 10 Jahren wird sich die jährliche Ernte verzehnfacht haben.	☐	☐	☐
e) Vom 3. zum 4. Jahr verdoppelte sich die Ernte.	☐	☐	☐
f) Im Zeitraum vom 1. bis zum 3. Jahr stieg die Ernte um genauso viele kg wie vom 7. bis zum 9. Jahr.	☐	☐	☐
g) Zwischen dem 7. und dem 8. Jahr vergrößerte sich der Durchmesser des Baumstamms am meisten.	☐	☐	☐
h) Im 15. Jahr wird der Baum höchstwahrscheinlich etwa 4 m hoch sein.	☐	☐	☐
i) Bildet man die Summe aller Ernten der ersten 10 Jahre, erhält man mehr als 100 kg.	☐	☐	☐
j) Zwischen dem 4. und dem 5. Jahr wuchs der Baum am wenigsten.	☐	☐	☐

2. In der Grundschule Klanghausen wurde eine Übersicht über die musikalischen Freizeitbeschäftigungen der 117 Schüler erarbeitet.

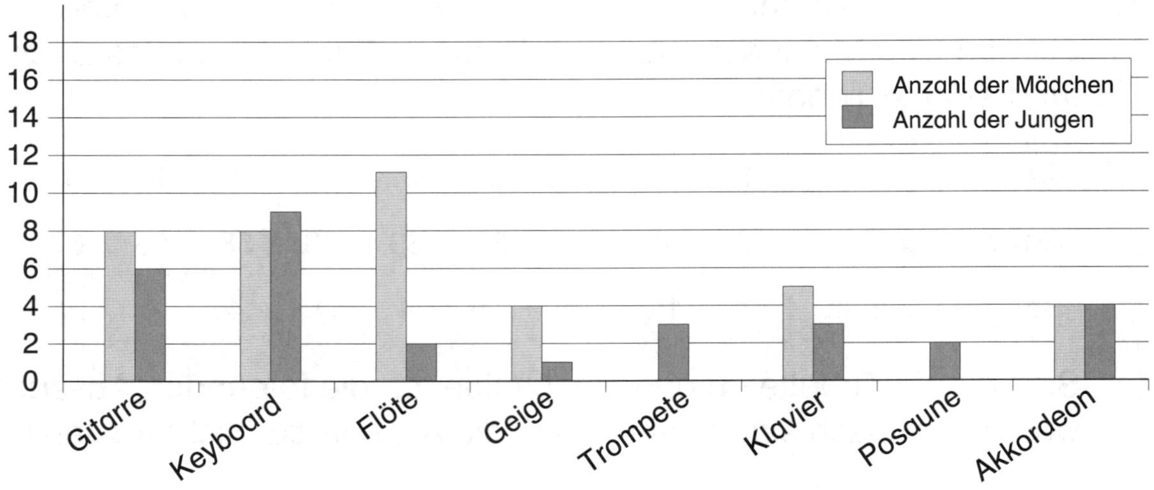

a) Sieh dir das Streifendiagramm genau an und übertrage die Informationen in die nachfolgende Tabelle.

Instrument	**Anzahl der Mädchen**	**Anzahl der Jungen**	**gesamt**
Gitarre			
Keyboard			
Flöte			
Geige			
Trompete			
Klavier			
Posaune			
Akkordeon			

b) Beantworte nun folgende Fragen:

Welches Instrument wird am häufigsten gespielt?

____

Welches Instrument wird am seltensten gespielt?

____

Welche Instrumente spielen mehr Jungen als Mädchen?

____

Welche Instrumente spielen mehr Mädchen als Jungen?

____

Welches Instrument spielen genauso viele Jungen wie Mädchen?

Wie viele Jungen spielen insgesamt ein Instrument?

Wie viele Mädchen spielen insgesamt ein Instrument?

Wie viele Kinder spielen insgesamt ein Instrument?

Wie viele Kinder der Grundschule Klanghausen spielen kein Instrument?

---

3. In einer Bonbontüte sind 3 rote, 5 gelbe und 4 orange Bonbons. Klara hätte am liebsten ein rotes, lässt sich aber von ihrem Bruder Paul überreden, ohne hinzusehen ein Bonbon zu ziehen.

a) Wie oft muss Klara mindestens zugreifen, um ein rotes Bonbon zu bekommen?

---

b) Wie oft muss Klara höchstens zugreifen, um ein rotes Bonbon zu bekommen?

---

c) Welche Farbe zieht Klara beim ersten Griff am wahrscheinlichsten?

---

d) Welche Farbe zieht Klara beim ersten Griff am unwahrscheinlichsten?

---

4. Paul möchte an seinem Kindergeburtstag mit seinen Gästen vier verschiedene Spiele spielen. Damit es allen möglichst viel Spaß macht, gibt er vorher eine Liste herum, in der alle ankreuzen sollen, was sie gerne spielen möchten.

Spiel	**Fußball**	**Spiel-konsole**	**Losen**	**Basteln**	**Ver-stecken**	**Topf-schlagen**	**Fangen**
Max	✗	✗				✗	✗
Alim	✗	✗		✗			✗
Fabian	✗	✗	✗		✗	✗	
Maurice	✗		✗		✗		✗
Robin	✗	✗				✗	
Lucas	✗	✗			✗	✗	
Maike		✗		✗		✗	✗
Noel			✗	✗	✗		✗

a) Welche Spiele werden bei der Geburtstagsfeier gespielt?

____

b) Welche Spiele werden bei der Geburtstagsfeier nicht gespielt?

____

c) Welche Spiele erhielten die wenigsten Stimmen?

____

d) Wer wird mit der Auswahl der Spiele am unzufriedensten sein?

____

e) Was sollte Paul seinen Gästen auf der Einladung als Empfehlung für die Feier mitteilen? Kreuze an.

- ☐ Bringe deinen Ranzen mit.
- ☐ Bringe Schreibsachen mit.
- ☐ Bringe Sachen für draußen mit.
- ☐ Bringe Fahrradhandschuhe mit.
- ☐ Bringe Gummistiefel mit.
- ☐ Bringe Fußballschuhe mit.
- ☐ Bringe gute Laune mit.
- ☐ Bringe Geld mit.

5. Hella denkt sich ein Knobelspiel aus. Dafür hat sie jeweils einzeln auf kleine Kärtchen die Ziffern null bis zwanzig geschrieben. Die Spieler müssen nacheinander so lange Kärtchen ziehen, bis sie damit die Summe 50 bilden können. Gewonnen hat, wem dies nach weniger Zügen gelingt.

a) Wie viele Kärtchen hat Hella beschrieben?

____

____

b) Gib mindestens 3 Möglichkeiten an, wie aus den Ziffern die Summe 50 gebildet werden kann.

____

____

c) Wie viele Kärtchen muss man mindestens ziehen, um damit die Summe 50 bilden zu können?

____

____

d) Wie viele Kärtchen muss man höchstens ziehen, um damit die Summe 50 bilden zu können?

____

____

▶ Lösungen

Zahlen und Operationen: Test 1

1. Schreibe untereinander und rechne aus.

__Hinweis:__ Du musst die Zahlen sauber untereinanderschreiben: Hunderter unter Hunderter, Zehner unter Zehner und Einer unter Einer.

a) 2 496 + 297 + 63

	2	4	9	6
+		2	9	7
+			6	3
	2	8	5	6

b) 6 937 – 354

	6	9	3	7
–		3	5	4
	6	5	8	3

2. Welche Rechengeschichte passt zu der Aufgabe $3 \cdot 7$?
Kreuze an.

__Hinweis:__ Rechne zuerst: $3 \cdot 7 = 21$
Lies dann alle Aussagen aufmerksam durch, ohne sie sofort anzukreuzen.
Die Aufgabe $3 \cdot 7 = 21$ passt nur zur zweiten Aussage, denn zur ersten und dritten Aussage gehört die Aufgabe $7 + 3 = 10$.

- ☐ Auf dem Schulfest gibt es 7 Stände mit Kuchen und 3 Stände mit Würstchen und Getränken.
- ☒ An den Kuchenständen sind nur noch 7 Kuchen mit je 3 Stücken übrig geblieben.
- ☐ An den Würstchenständen gibt es 7 verschiedene Getränke- und 3 verschiedene Würstchensorten.
- ☐ Keine der Rechengeschichten passt.

3. Löse die Zahlenrätsel.

__Hinweis:__ Wandle die Angaben in Aufgaben um.
a) Das Doppelte bedeutet, eine Zahl mit 2 zu multiplizieren.
Du rechnest $300 \cdot 2 = 600$, im nächsten Schritt rechnest du $600 - 20 = 580$.
b) Du rechnest erst $350 \cdot 2 = 700$, dann rechnest du $700 + 200 = 900$.
c) Der achte Teil bedeutet, eine Zahl durch 8 zu dividieren.
Du rechnest $400 : 8 = 50$, im nächsten Schritt rechnest du $50 + 30 = 80$.
d) Der vierte Teil bedeutet, eine Zahl durch 4 zu dividieren.
Du rechnest $400 : 4 = 100$, im nächsten Schritt rechnest du $100 + 150 = 250$.

a) Meine Zahl ist um 20 kleiner als das Doppelte von 300. **580**

b) Addiere 200 zum Doppelten von 350, dann erhältst du meine Zahl. **900**

c) Meine Zahl ist um 30 größer als der achte Teil von 400. **80**

d) Meine Zahl erhältst du, wenn du zum vierten Teil von 400 noch 150 addierst. **250**

4. Überprüfe die Rechenwege.

a) Elif rechnet die Aufgabe 346 + 99 = **445**

Sie rechnet: 346 + 100 = 446

446 – 1 = 445

Hat Elif richtig gerechnet? **Ja, Elif hat richtig gerechnet.**

Begründung: **Elif hat im ersten Schritt statt der Zahl 99 die Zahl 100 addiert. Im zweiten Schritt hat sie vom Ergebnis die Zahl 1 aber wieder subtrahiert. Somit stimmt die Aufgabe wieder.**

Wie würdest du rechnen?

Lösungsvorschlag:

	3	**4**	**6**
+		**9**	**9**
	4	**4**	**5**

b) Markus rechnet die Aufgabe 317 + 423 = **740**

Er rechnet: 320 + 420 = 740

Hat Markus richtig gerechnet? **Ja, Markus hat richtig gerechnet.**

Begründung: **Markus hat den 1. Summanden um 3 vergrößert, dafür aber den 2. Summanden um 3 verkleinert.
Somit stimmt die Aufgabe wieder.**

Wie würdest du rechnen?

Lösungsvorschlag:

317 + 400 = 717
717 + 20 = 737
737 + 3 = 740

5. Trage die Zahlen in die Stellenwerttabelle ein.

Hinweis: Hier musst du dir verdeutlichen, was die Abkürzungen in der Tabelle bedeuten. M = Millionen, HT = Hunderttausender, ZT = Zehntausender, T = Tausender, H = Hunderter, Z = Zehner, E = Einer. Nun musst du die Ziffern in die Tabelle eintragen. Vergiss bei den glatten Zahlen die Nullen nicht.

a) achtundsiebzigtausenddreihundert
b) dreihundertundfünfzigtausend
c) siebenundfünfzigtausendeinhundertundsiebenundsiebzig
d) eine Million neunhundertundvierundfünfzigtausendundzwei
e) drei Millionen fünfhunderttausend

	M	HT	ZT	T	H	Z	E
a)			**7**	**8**	**3**	**0**	**0**
b)		**3**	**5**	**0**	**0**	**0**	**0**
c)			**5**	**7**	**1**	**7**	**7**
d)	**1**	**9**	**5**	**4**	**0**	**0**	**2**
e)	**3**	**5**	**0**	**0**	**0**	**0**	**0**

6. Schreibe zu den Zahlen …

Hinweis: Achte genau darauf, wohin du runden sollst und wie sich die Zahlen dadurch verändern.

a)	die Nachbarhunderter:	**705 900**	705 999	**706 000**
b)	die Nachbartausender:	**207 000**	207 678	**208 000**
c)	die Nachbarhunderter:	**103 900**	104 000	**104 100**
d)	die Nachbartausender:	**801 000**	801 456	**802 000**

7. Setze >, < oder = richtig ein.

Hinweis: Berechne zuerst die Aufgaben und notiere dir die Ergebnisse auf einem Nebenblatt. Dann vergleiche und setze das richtige Zeichen ein.
a) 20 000 · 20 = 400 000
b) 2 000 · 2 000 = 4 000 000
c) 1 000 000 – 40 000 = 960 000
d) 64 000 : 32 = 2 000
e) 650 : 5 = 130

a) 20 000 · 20 [<] 4 000 000

b) 2 000 · 2 000 [>] 2 000 000

c) 1 000 000 – 40 000 [>] 96 000

d) 64 000 : 32 [<] 20 000

e) 650 : 5 [=] 130

8. Setze +, –, · oder : ein.

Hinweis: *Du musst so lange auf beiden Seiten die Rechenzeichen wechseln, bis die Ergebnisse auf der linken und rechten Seite der Gleichung gleich sind.*

a) 7 [·] 5 = 38 [–] 3

b) 60 [:] 5 = 4 [·] 3

c) 900 [:] 10 = 3 [·] 30

d) 6 [·] 7 = 12 [+] 30

e) 72 [:] 9 = 32 [:] 4

f) 360 [:] 90 = 65 [–] 61

9. Entscheide, ob die Aussage richtig oder falsch ist.
Kreuze an.

Hinweis: *Rechne – wenn möglich – die Aufgaben aus bzw. vergleiche die beiden Zahlen (Aufgabe d). Kreuze dann erst an.*

	richtig	falsch
a) 71 ist eine gerade Zahl.	☐	☒
b) 242 ist die Hälfte von 484.	☒	☐
c) 3 454 ist ein Vielfaches von 7.	☐	☒
d) 1 756 899 ist kleiner als 1 756 901.	☒	☐

10. Finde die fehlenden Zahlen.

Hinweis: *Multipliziere, wie du es gewohnt bist. Fülle während deiner Rechnung die fehlenden Zahlen auf.*

a)

	7	2	5	·	2	2
		1	4	**5**	0	
			1	4	5	0
		1	**5**	9	**5**	0

b)

	2	8	3	·	5	3	4
		1	4	**1**	5		
				8	**4**	9	
				1	1	3	**2**
		1	5	**1**	**1**	2	2

11. Überschlage das Ergebnis und rechne schriftlich.

Hinweis: Die Überschlagsrechnung hilft dir, dein endgültiges Ergebnis ungefähr vorherzusagen. Multipliziere sorgfältig. Weicht der Überschlag stark von deinem Ergebnis ab, rechne noch einmal. Prüfe auch die Überschlagsrechnung!

a) 3 155 · 28 Überschlag: **3 000 · 30 = 90 000**

```
3155 · 28
    6310
   25240
   88340
```

b) 4 655 · 37 Überschlag: **5 000 · 40 = 200 000**

```
4655 · 37
   13965
    32585
   172235
```

12. Löse die Aufgaben.

Hinweis: Du musst bei dieser Aufgabe vor allem wissen, was die Fachbegriffe bedeuten, und dann die Angaben in Rechenschritte umwandeln. Außerdem musst du dir überlegen, in welcher Reihenfolge du rechnest.

a) Das Dreifache und das Vierfache von 5 344 bilden bedeutet: Du musst erst 5 344 mit 3 und dann 5 344 mit 4 multiplizieren.
Das Fünffache von 2 333 bildest du, indem du die Zahl mit 5 multiplizierst. Subtrahieren musst du dieses Produkt (das Ergebnis der Multiplikation) dann von der Summe (dem Ergebnis der Addition) des Dreifachen und Vierfachen von 5 344.

b) Du musst 724 mit 123 multiplizieren und das Ergebnis durch 2 dividieren. Dann subtrahierst du 7 466 von 87 983 und addierst dieses Ergebnis mit dem Quotienten (dem Ergebnis deiner Division).

a) Bilde das Dreifache und das Vierfache von 5 344 und subtrahiere von der Summe das Fünffache von 2 333.

5 344 · 3 = 16 032
5 344 · 4 = 21 376
2 333 · 5 = 11 665
16 032 + 21 376 = 37 408
37 408 – 11 665 = 25 743

b) Multipliziere 724 mit 123, dividiere das Produkt durch 2 und addiere zum Quotienten die Differenz aus 87 983 und 7 466.

724 · 123 = 89 052
89 052 : 2 = 44 526
87 983 − 7 466 = 80 517
44 526 + 80 517 = 125 043

13. Bauer Heinrich ist sehr stolz auf seine Kühe und zeigt sie seinen Urlaubsgästen. Peter ruft: „Das ist ja ein bunter Haufen!" Bauer Heinrich sagt stolz: „Auf meiner Weide stehen 234 Kühe." Peters Papa kratzt sich am Kopf und sagt nach einer ganzen Weile: „50 von ihnen sind braun, 30 sind schwarz." Bauer Heinrich ruft: „Richtig! Und der Rest von ihnen ist zur einen Hälfte schwarz-weiß gefleckt und zur anderen Hälfte ganz weiß. Sind sie nicht wunderschön?"

a) Unterstreiche wichtige Angaben im Aufgabentext.

__Hinweis:__ Überlege dir bei jeder Aussage, ob sie dich zu einer Rechenaufgabe führen kann. Unterstreiche diese Aussagen.

b) Formuliere eine Frage.
Wie viele schwarz-weiß gefleckte und weiße Kühe besitzt Bauer Heinrich?

c) Schreibe die Rechenschritte auf.

__Hinweis:__ Subtrahiere von der Gesamtmenge erst die Menge der braunen und dann die der schwarzen Kühe. Oder du rechnest 30 + 50 = 80 und subtrahierst dann. Die Restmenge dividierst du durch 2.

234 − 50 = 184
184 − 30 = 154
154 : 2 = 77

d) Formuliere deine Antwort.
Bauer Heinrich besitzt 77 schwarz-weiß gefleckte und 77 weiße Kühe.

14. Paula will ihrer Oma aus dem Urlaub eine Postkarte schreiben, doch sie hat die 5-stellige Postleitzahl vergessen. Sie weiß noch, dass die Postleitzahl mit 10 beginnt und der Rest nur aus geraden Zahlen besteht. Außerdem ist sie sich sicher, dass keine Zahl doppelt vorkommt.

a) Wie viele Möglichkeiten gibt es für die Postleitzahl?

Hinweis: *Diese Aufgabe löst du durch systematisches Ausprobieren. Du kennst die ersten zwei Stellen der Postleitzahl: die 1 und die 0. Übrig bleiben die geraden Zahlen 2, 4, 6 und 8. Beginne mit der Zahl 2 und schreibe alle Möglichkeiten auf. Danach beginne mit der Zahl 4 und schreibe alle Möglichkeiten auf und so weiter.*

10246	*10426*	*10648*	*10824*
10264	*10462*	*10684*	*10842*
10268	*10428*	*10624*	*10826*
10286	*10482*	*10642*	*10862*
10248	*10468*	*10682*	*10864*
10284	*10486*	*10628*	*10846*

Es gibt 24 Möglichkeiten für die Postleitzahl.

b) Kannst du dir einen Rechenweg denken, der das Ergebnis schneller als durch Probieren vorhersagt? Erkläre ihn.

Hinweis: *Für diese Aufgabe gibt es mehrere Lösungen.*
Möglichkeit 1: Sieh dir die Blöcke oben genau an. Es ergeben sich für jede Zahl immer gleich viele Möglichkeiten. Man könnte also einen Zahlenblock aufschreiben, dann überlegen, wie viele dieser Blöcke sich insgesamt ergeben (nämlich 4 Blöcke – für jede gerade Zahl einen) und diese dann multiplizieren: $6 \cdot 4 = 24$.
Möglichkeit 2: Du kannst auch anders vorgehen und dir die fünf Stellen der Postleitzahl genauer anschauen. Die 1 steht immer auf der ersten Position, es gibt also nur eine Möglichkeit, die 1. Position zu besetzen. Ebenso gibt es nur eine Möglichkeit, die 2. Position zu besetzen. Auf der 3. Position gibt es 4 Möglichkeiten, die Stelle zu besetzen (2, 4, 6, 8). Auf der 4. Stelle gibt es genau 3 Möglichkeiten, denn von den 4 Zahlen fällt diejenige weg, die schon auf der 3. Stelle steht (es darf ja keine Zahl doppelt vorkommen). Auf der 5. Position gibt es dann nur noch 2 Möglichkeiten, da zwei Zahlen schon auf den Positionen 3 und 4 stehen. Nun muss man die Möglichkeiten der Positionen miteinander multiplizieren und erhält $1 \cdot 1 \cdot 4 \cdot 3 \cdot 2 =$ 24 Möglichkeiten.

Lösungsvorschlag:

Da sich mit jeder geraden Zahl an der 3. Position 6 Möglichkeiten ergeben und es genau 4 Zahlen sind, die man an diese Position setzen kann, kann man auch rechnen: $6 \cdot 4 = 24$.

Zahlen und Operationen: Test 2

1. Immer zwei Aufgaben gehören zusammen.
Rechne im Kopf und verbinde.

Hinweis: *Rechne eine Aufgabe im Kopf und merke dir das Ergebnis. Suche nun in der zweiten Zeile nach demselben Ergebnis und verbinde dann. (Natürlich kannst du auch erst alle Aufgaben ausrechnen und die Ergebnisse notieren – dann fällt es dir noch leichter zu erkennen, welche Aufgaben zusammengehören.)*
Achtung: Eine Aufgabe bleibt übrig!
$5 \cdot 40 = 2 \cdot 100 = 200$
$3 \cdot 80 = 6 \cdot 40 = 240$
$5 \cdot 8 = 2 \cdot 20 = 40$
$6 \cdot 30 = 2 \cdot 90 = 180$

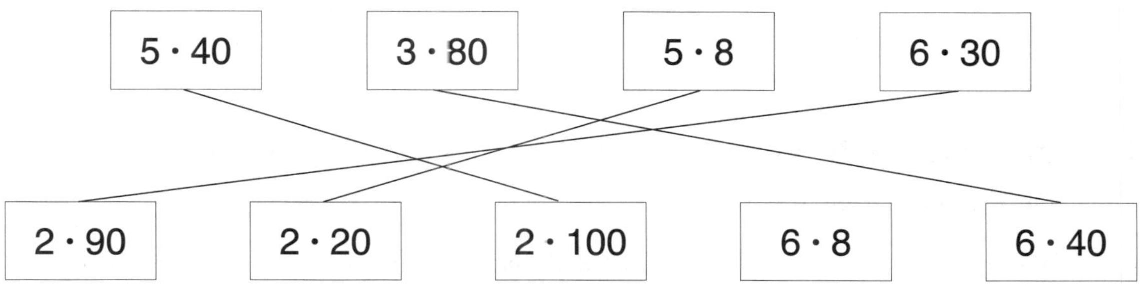

2. Finde alle Zahlen, die die Gleichungen erfüllen.

Beispiel: $17 + a < 20$ $a =$ **0, 1, 2**

Hinweis: *Du erleichterst dir die Lösung, wenn du vor dich hin sprichst, was du aus den Ziffern und Zeichen lesen kannst, z. B.: 17 + a < 20. Welche Zahlen kann ich zu 17 addieren und das Ergebnis bleibt trotzdem kleiner als 20? Ich kann 0, 1 und 2 addieren und erhalte trotzdem noch nicht 20. Die 3 geht aber nicht mehr, denn 17 + 3 ist gleich 20 und damit nicht mehr kleiner.*

a) $12 + b < 15$
$b =$ **0, 1, 2**

b) $50 + c < 52$
$c =$ **0, 1**

c) $64 + d < 69$
$d =$ **0, 1, 2, 3, 4**

d) $87 + e < 93$
$e =$ **0, 1, 2, 3, 4, 5**

3. Ergänze in jedem Zahlenhaus die passenden Zahlen.

Hinweis: *In jedem Haus müssen die Aufgaben das Ergebnis im Dach ergeben.*

a) 28	b) 80	c) 240	d) 6
7 · **4**	160 : **2**	8 · **30**	12 : **2**
2 · **14**	80 : **1**	2 · **120**	60 : **10**
1 · **28**	240 : **3**	60 · **4**	36 : **6**
4 · **7**	320 : **4**	4 · **60**	24 : **4**

4. Verbinde die Zahlen auf der linken Seite mit dem passenden Vorgänger oder Nachfolger.

Hinweis: *Rechne jeweils zu jeder Zahl links + 1 und suche das Ergebnis auf der rechten Seite. Findest du die Zahl nicht, rechne – 1 und suche erneut.*

1 455 299	690 000
241 009	255 199
790 420	1 455 300
689 999	699 999
255 200	241 010
700 000	790 419

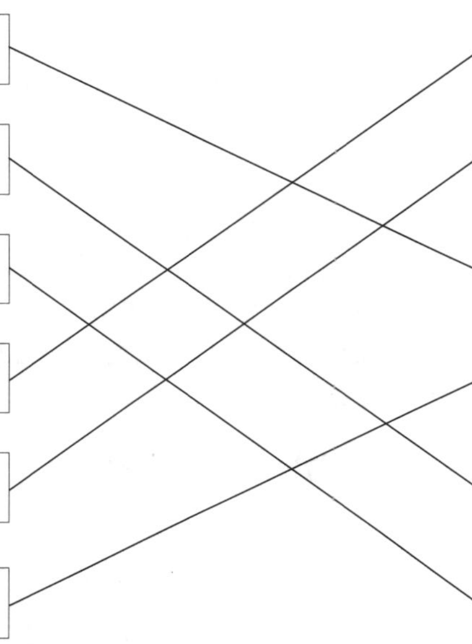

5. Lorenz hat sich eine Geheimschrift für Zahlen ausgedacht:

1 000 000	**J**	10 000	**S**
100 000	**K**	1 000	**!**

a) Die Bibliothek für Kunstgeschichte besitzt insgesamt 512 200 Bücher, Zeitschriften, CDs und andere Medien. Wie würde Lorenz den Bestand in seiner Geheimschrift wiedergeben? Schreibe auf. Beachte, dass du das Ergebnis runden musst, um die Zahl darstellen zu können.

Hinweis: *Du musst zuerst die Zeichenerklärung ansehen, dann kannst du die Zahl nachbilden. Beim Runden musst du daran denken, dass die Zahlen 1, 2, 3 und 4 abgerundet werden. Also ergibt sich die Zahl 512 000.*

K K K K K S ! !

b) Die Bibliothek für Weltgeschichte besitzt doppelt so viele Bücher, Zeitschriften, CDs und andere Medien. Rechne den genauen Bestand aus und stelle ihn wieder gerundet in der Geheimschrift dar.

Hinweis: *„Doppelt so viele" bedeutet, dass du die Zahl mit 2 multiplizieren musst, du rechnest also 512 200 · 2 = 1 024 400. Wieder musst du abrunden, wenn du die Zahl in der Geheimschrift darstellst.*

Bestand: **512 200 · 2 = 1 024 400**

J S S ! ! ! !

6. Welche Ziffern fehlen?
Setze sie ein.

Hinweis: *Ergänze im Kopf und suche die passenden Zahlen.*

a)

	4	**2**	**7**	3	6
+	**3**	3	5	2	**6**
	7	6	2	**6**	2

b)

	8	**9**	**6**	5	4
−		2	5	8	6
	8	7	0	6	**8**

7. Löse die Zahlenrätsel.

Hinweis: *Wandle die Angaben in Aufgaben um.*
a) Du suchst die Zahl, die man mit 6 multiplizieren muss, um auf 36 zu kommen. Du rechnest die Umkehraufgabe 36 : 6 = 6.
b) Du suchst die Zahl, die durch 2 geteilt 16 ergibt. Du rechnest die Umkehraufgabe 16 · 2 = 32.
c) Du suchst die Zahl, die man mit 2 multiplizieren muss, um 88 zu erhalten. Du rechnest die Umkehraufgabe 88 : 2 = 44.
d) Du suchst die Zahl, die durch 4 dividiert die Zahl 25 ergibt. Du rechnest die Umkehraufgabe 25 · 4 = 100.

a) Das Sechsfache meiner Zahl ist 36. **6**
b) Halbiere ich meine Zahl, so erhalte ich 16. **32**
c) Verdopple ich meine Zahl, so erhalte ich 88. **44**
d) Der vierte Teil meiner Zahl ist 25. **100**

8. Überschlage das Ergebnis und rechne dann schriftlich.

Hinweis: *Die Überschlagsrechnung hilft dir, dein endgültiges Ergebnis ungefähr vorherzusagen. Multipliziere sorgfältig. Weicht der Überschlag sehr stark von dem Ergebnis ab, rechne noch einmal. Prüfe auch deine Überschlagsrechnung!*

a) 3 644 · 35 Überschlag: **4 000 · 30 = 120 000**

	3	**6**	**4**	**4**	**·**	**3**	**5**
		1	**0**	**9**	**3**	**2**	
			1	**8**	**2**	**2**	**0**
		1	**2**	**7**	**5**	**4**	**0**

b) 4 755 · 33 Überschlag: **5 000 · 30 = 150 000**

	4	**7**	**5**	**5**	**·**	**3**	**3**
		1	**4**	**2**	**6**	**5**	
			1	**4**	**2**	**6**	**5**
		1	**5**	**6**	**9**	**1**	**5**

9. Rechne aus.

__Hinweis:__ Du musst bei dieser Aufgabe vor allem wissen, was die Fachbegriffe bedeuten, und dann die Angaben in Rechenschritte umwandeln. Außerdem musst du dir überlegen, in welcher Reihenfolge du die Aufgabe rechnest.

a) Bilde die Differenz aus 66 666 und 55 555. Addiere das Ergebnis mit dem Elffachen von 222.

66 666 – 55 555 = 11 111
222 · 11 = 2 442
11 111 + 2 442 = 13 553

b) Subtrahiere von 768 612 die Zahl 53 642. Dividiere das Ergebnis durch die Zahl 10.

768 612 – 53 642 = 714 970
714 970 : 10 = 71 497

10. Inga hat die Aufgaben gerechnet, doch das Ergebnis stimmt nicht. Rechne selbst, finde dann Ingas Fehler und kreise sie ein. Erkläre kurz, was Inga falsch gemacht hat.

__Hinweis:__ Rechne erst die Aufgabe und vergleiche dein Ergebnis mit dem von Inga. Rechne Ingas Rechnung nach und überlege, was sie falsch gemacht haben könnte. Denke daran, wie du selbst gerechnet hast.

a)

	4	5	6	7	8	9								
–	2	3	4	5	6									
	2	2	2	2	2	9								

	4	**5**	**6**	**7**	**8**	**9**
–		**2**	**3**	**4**	**5**	**6**
	4	**3**	**3**	**3**	**3**	**3**

Begründung: **Die Zahlen stehen falsch untereinander.**

b)

	7	5	3	7	·	2	4
		1	4	0	6	4	
+			2	8	0	2	8
		1	6	8	6	6	8

7	**5**	**3**	**7**	**·**	**2**	**4**
	1	**5**	**0**	**7**	**4**	
		3	**0**	**1**	**4**	**8**
	1	**8**	**0**	**8**	**8**	**8**

Begründung: **Inga hat den Übertrag beim Multiplizieren vergessen.**

11. Fülle die Tabellen aus.

__Hinweis:__ Schau dir die Rechenzeichen bei Tabelle a und b an und rechne dann, wenn nötig, einfach die passende Umkehraufgabe. Dazu ziehst du bei Tabelle a vom Ergebnis der Addition die gegebene Zahl ab. Bei b kommt es darauf an, ob die erste oder die zweite Zahl der Subtraktion fehlt: Fehlt die Zahl c, addierst du das Ergebnis und die gegebene Zahl d. Fehlt die Zahl d, dann subtrahierst du von der gegebenen Zahl c das Ergebnis.

a)

a	b	a + b
468	**858**	1 326
866	49	**915**
1 904	88	1 992
36	3 005	**3 041**
634	136	770

b)

c	d	c – d
3 910	1 344	2 566
471	87	384
7 922	7 861	61
733	52	**681**
920	**353**	567

12. Der Bergführer Hans wandert jeden Tag auf den „Donnerstein“. Er ist die Strecke schon mit Kindern, Jugendlichen und Erwachsenen gewandert. Heute bricht er mit 5 Personen auf, 2 von ihnen sind Erwachsene.

a) Wie könnte sich die Wandergruppe zusammensetzen?

__Hinweis:__ Diese Aufgabe löst du am besten durch systematisches Ausprobieren.

3 Kinder, 2 Erwachsene/
2 Kinder, 1 Jugendlicher, 2 Erwachsene/
1 Kind, 2 Jugendliche, 2 Erwachsene/
3 Jugendliche, 2 Erwachsene

b) Der Bergführer Hans nimmt für eine Wanderung 2 € für Kinder, 4 € für Jugendliche und 8 € für Erwachsene.
Heute bekommt er 26 €.
Welche Möglichkeiten der Gruppenzusammensetzung bleiben nun übrig?
Trage zunächst alle Möglichkeiten aus Teilaufgabe a in die Tabelle ein und suche dann durch Ausprobieren das richtige Ergebnis.

Hinweis: *Den Eurobetrag ermittelst du, indem du den jeweiligen Eintrittspreis mit der Anzahl der Personen (Kinder, Jugendliche oder Erwachsene) multiplizierst. Die Eintrittspreise der verschiedenen Personengruppen musst du anschließend noch addieren.*
Beispiel:
3 Kinder, 2 Erwachsene: 3 · 2 € + 2 · 8 € = 6 € + 16 € = 22 €.

Kind	Jugendlicher	Erwachsener	Summe Euro insgesamt	falsch/ richtig
3	**0**	**2**	**22 €**	**falsch**
0	**3**	**2**	**28 €**	**falsch**
1	**2**	**2**	**26 €**	**richtig**
2	**1**	**2**	**24 €**	**falsch**

Antwort: **Es bleibt eine Möglichkeit übrig, wie sich die Gruppe zusammensetzen kann: 1 Kind, 2 Jugendliche, 2 Erwachsene.**

1. Rechne im Kopf oder halbschriftlich.

Hinweis: *Suche dir beim Kopfrechnen eine geeignete Strategie. Sicher kennst du zum Beispiel das „Rechnen in Schritten“: Erst addierst (oder subtrahierst) du die Hunderter, dann die Zehner, dann die Einer. Die Zwischenergebnisse kannst du aufschreiben.*

a) 13 415 + 46 = **13 461** b) 66 069 − 66 = **66 003**
c) 47 243 + 44 = **47 287** d) 9 788 − 778 = **9 010**

2. Zeichne für die folgenden Aufgaben Rechenbilder und rechne aus.

| = 10 ● = 1

Hinweis: *Jeder Zehner bedeutet einen Strich, jeder Einer einen Punkt. Du kannst die Punkte auch anders anordnen, z. B. so, wie du es bei einem Spielwürfel siehst: ⁙. Dann kannst du die Anzahl der Einer schneller erkennen.*

a) 31 + 19 = **50**

b) 44 − 27 = **17**

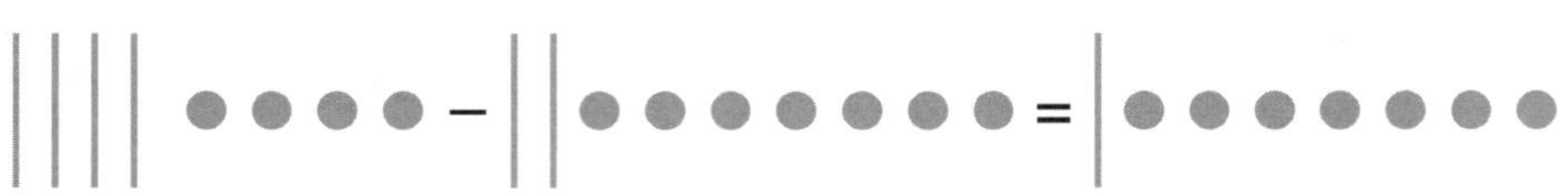

3. Schreibe untereinander und rechne aus.

a) 23 599 + 239

	2	**3**	**5**	**9**	**9**
+			**2**	**3**	**9**
	2	**3**	**8**	**3**	**8**

b) 2 996 − 1 048

	2	**9**	**9**	**6**	
−	**1**	**0**	**4**	**8**	
	1	**9**	**4**	**8**	

4. Ordne die Zahlen nach der Größe. Beginne mit der kleinsten.

Hinweis: *Kontrolliere zum Schluss, ob du genauso viele Zahlen geschrieben hast, wie vorgegeben waren.*

1 743 / 27 985 / 34 994 / 35 555 / 1 763 554 / 3 788 944

5. Setze <, > oder = ein.

__Hinweis:__ Berechne jeweils die beiden Teile der Aufgabe und notiere dir die Ergebnisse auf einem Nebenblatt. Dann kannst du ganz einfach vergleichen und das richtige Zeichen einsetzen.
a) 25 = 25 b) 8 < 30
c) 890 > 33 d) 42 < 53

a) $5 \cdot 5$ **=** $12 + 13$ b) $64 : 8$ **<** $10 \cdot 3$

c) $900 - 10$ **>** $3 + 30$ d) $6 \cdot 7$ **<** $68 - 15$

6. Welche Aufgaben haben das gleiche Ergebnis?
Verbinde.

__Hinweis:__ Rechne die Aufgaben nacheinander aus, notiere die Ergebnisse auf einem Nebenblatt und verbinde die Aufgaben mit gleichen Ergebnissen.
463 + 350 = 813 789 – 269 = 520
752 – 98 = 654 410 + 244 = 654
194 + 326 = 520 963 – 150 = 813
844 + 128 = 972 756 + 216 = 972

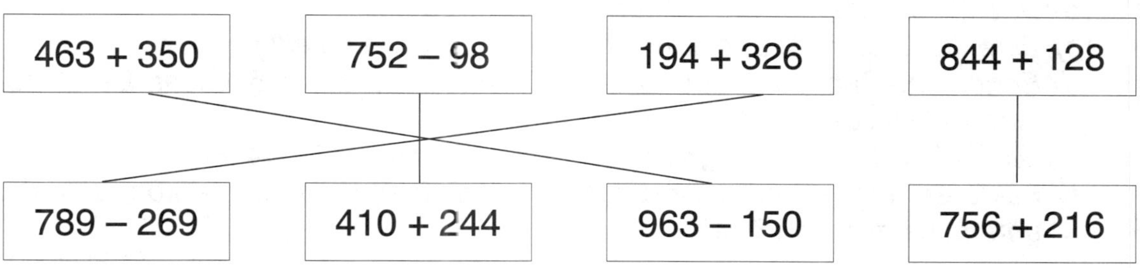

7. Löse die Zahlenrätsel.

__Hinweis:__ Rechne immer die Umkehraufgabe:
a) Du rechnest 45 : 3 = 15.
b) Du rechnest 10 · 4 = 40.
c) Du rechnest 34 : 2 = 17.
d) Du rechnest 125 : 5 = 25.

a) Das Dreifache meiner Zahl ist 45. **15**
b) Der vierte Teil meiner Zahl ist 10. **40**
c) Verdopple ich meine Zahl, so erhalte ich 34. **17**
d) Das Fünffache meiner Zahl ist 125. **25**

8. Welche Rechengeschichten passen zu der Aufgabe 350 : 7? Kreuze an.

Hinweis: *Rechne zuerst 350 : 7 = 50. Lies alle Aussagen durch und überlege genau, ob sie mit deiner Rechnung 350 : 7 = 50 lösbar sind.*

- ☐ 7 Freunde fahren mit dem Zug nach Hannover. Die Strecke ist 350 km lang. Sie fahren um 10 Uhr los.
- ☒ 7 Freundinnen fahren zusammen mit der Bahn nach Köln. Die Fahrt kostet für alle zusammen 350 €.
- ☒ Die Adam-Riese-Schule hat auf ihrem Schulfest 350 € eingenommen. Das Geld wird auf die 7 Klassen der Schule aufgeteilt.
- ☐ Keine der Rechengeschichten passt.

9. Entscheide, ob die Aussagen richtig oder falsch sind.

Hinweis: *Du musst wissen, was die Fachbegriffe genau bedeuten.*
a) Summanden sind die Zahlen, die beim Plusrechnen addiert werden. Diese Zahlen kann man vertauschen, ohne dass sich das Ergebnis verändert.
b) Das Ergebnis einer Multiplikation heißt Produkt.
c) Eine Quersumme kann sowohl ein- als auch mehrstellig sein.
d) Endet eine Zahl auf 5 oder 0, ist sie immer auch durch 5 teilbar. Durch 10 ist eine Zahl teilbar, wenn sie mit einer 0 endet.
e) Die Differenz ist das Ergebnis einer Subtraktion. 95 – 34 = 61.
f) Faktoren (die zu multiplizierenden Zahlen einer Malaufgabe) können natürlich unterschiedlich groß sein.

		richtig	falsch
a)	Summanden kann man vertauschen, ohne dass sich das Ergebnis verändert.	☒	☐
b)	Das Ergebnis einer Multiplikation heißt Quotient.	☐	☒
c)	Eine Quersumme ist immer zweistellig.	☐	☒
d)	Endet eine Zahl auf 5 oder 0, ist sie durch 10 teilbar.	☐	☒
e)	Die Differenz zwischen 34 und 95 ist 61.	☒	☐
f)	Faktoren sind immer gleich groß.	☐	☒

10. Zerlege die Zahlen wie im Beispiel.

723 527 = 700 000 + 20 000 + 3 000 + 500 + 20 + 7

Hinweis: *Lies dir erst die Zahl halblaut vor und zerlege dann. Lass dich von einer 0 nicht verwirren, hier addierst du an dieser Stelle einfach gar nichts.*

a) 421 999 = **400 000 + 20 000 + 1 000 + 900 + 90 + 9**
b) 1 630 527 = **1 000 000 + 600 000 + 30 000 + 500 + 20 + 7**
c) 3 209 700 = **3 000 000 + 200 000 + 9 000 + 700**

11. Fülle die Tabelle aus, indem du die angegebenen Zahlen rundest. Beachte beim Runden, dass bestimmte Zahlen ab- und bestimmte Zahlen aufgerundet werden.

Hinweis: *Beim Runden musst du auf zwei Dinge achten: auf welche Stelle gerundet werden soll und ob du abrunden oder aufrunden musst. Abrunden musst du bei 1, 2, 3 und 4. Bei 5, 6, 7, 8 und 9 rundest du auf.*

	Runden zum Zehntausender	Runden zum Tausender	Runden zum Hunderter	Runden zum Zehner
115 688	**120 000**	**116 000**	**115 700**	**115 690**
124 687	**120 000**	**125 000**	**124 700**	**124 690**
194 527	**190 000**	**195 000**	**194 500**	**194 530**
142 867	**140 000**	**143 000**	**142 900**	**142 870**

12. Trage die Zahlen 1 bis 5 so in die Figur ein, dass die Summe aller vier Ecken 10 ergibt. Auch die Summe der Senkrechten und Waagerechten soll jeweils gleich 10 sein.

Hinweis: *Bevor du die Zahlen einträgst, lies genau alle Bedingungen, die du beachten musst, um die richtige Lösung zu finden. Auf einem Nebenblatt kannst du ausprobieren, wie die Zahlen eingesetzt werden könnten, bevor du deine Lösung einträgst. Die Zahlen 2 und 3 könntest du auch vertauscht eintragen.*

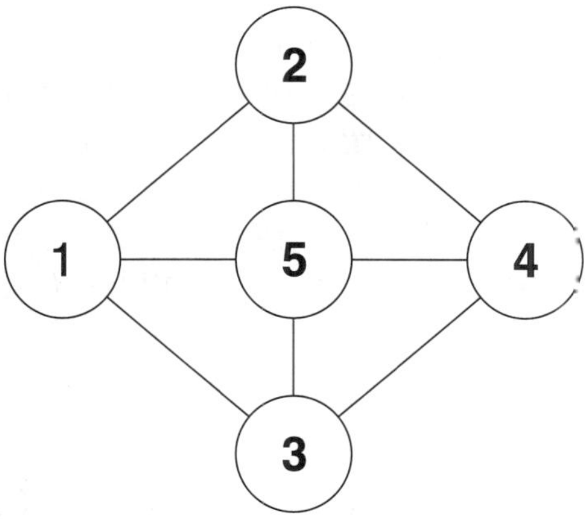

13. Löse die Aufgaben.
Rechne zur Kontrolle jeweils die Umkehraufgabe.

Hinweis: *Schreibe richtig untereinander und rechne sorgfältig. Rechne zur Kontrolle die Umkehraufgabe auch wirklich aus und schreibe nicht nur die Zahlen in umgekehrter Reihenfolge mit dem anderen Rechenzeichen auf!*
(Es gibt bei jeder Aufgabe zwei mögliche Umkehraufgaben; welche davon du rechnest, ist egal.)

a) 87 430 + 126 566

		8	7	4	3	0
+	1	2	6	5	6	6
	2	1	3	9	9	6

Umkehraufgabe *(Lösungsvorschlag)*

	2	1	3	9	9	6
–		8	7	4	3	0
	1	2	6	5	6	6

b) 8 800 – 2 444

	8	8	0	0		
–	2	4	4	4		
	6	3	5	6		

Umkehraufgabe *(Lösungsvorschlag)*

	6	3	5	6		
+	2	4	4	4		
	8	8	0	0		

c) 153 058 + 53 039

	1	5	3	0	5	8
+		5	3	0	3	9
	2	0	6	0	9	7

Umkehraufgabe *(Lösungsvorschlag)*

	2	0	6	0	9	7
–		5	3	0	3	9
	1	5	3	0	5	8

14. Fülle die Tabellen richtig aus.

Hinweis: *Schau dir die Rechenzeichen bei Tabelle a und b an und rechne dann einfach die passende Umkehraufgabe. Dazu ziehst du bei Tabelle a vom Ergebnis der Addition die gegebene Zahl ab. Bei b kommt es darauf an, ob die erste oder die zweite Zahl der Subtraktion fehlt: Fehlt die erste Zahl c, addierst du das Ergebnis und die gegebene Zahl d. Fehlt die zweite Zahl d, dann ziehst du von der gegebenen Zahl c das Ergebnis ab. So findest du leicht die richtigen Lösungen.*

a)

a	b	a + b
86	**170**	256
342	26	368
787	**58**	845
156	43	199
1 444	**1 007**	2 451

b)

c	d	c – d
3 666	**2 333**	1 333
611	602	9
92	**38**	54
390	**380**	10
23 788	**17 900**	5 888

15. Löse die Rechenaufgaben.

Hinweis: *Zuerst solltest du dir die Fachbegriffe in Rechenoperationen „übersetzen". Finde dann heraus, welche Teile im Satz jeweils zu einer Teilrechnung gehören. Jetzt überlege, was du zuerst rechnen musst.*
a) Ein Produkt bildest du, indem du multiplizierst.
Dieses Ergebnis musst du mit 750 addieren.
b) Eine Summe bildest du, indem du Zahlen addierst.
Dieses Ergebnis musst du dann durch 600 dividieren.

a) Addiere zum Produkt aus 30 und 80 die Zahl 750.
30 · 80 = 2 400
2 400 + 750 = 3 150

b) Dividiere die Summe aus 2 800 und 1 400 durch 600.
2 800 + 1 400 = 4 200
4 200 : 600 = 7

16. Ein Biologe zählt bei einem Forschungsprojekt die Eier, die die Königin eines Staates von Roten Waldameisen gelegt hat. Der Biologe zählt 2 300 Eier. Er weiß, dass eine Ameisenkönigin dieser Art etwa 300 Eier am Tag legt. Wie viele Tage benötigte die Ameisenkönigin, um die Eier zu legen?

Hinweis: *Gegeben ist der durchschnittliche Wert an Eiern, die eine Rote Waldameise legt, sowie die Anzahl der Eier, die der Biologe zählt. Du musst also rechnen, wie oft die 300 in die 2 300 passt.*
2 300 : 300 = 7, Rest 200
Das Ergebnis ist also keine gerade Zahl, sondern es bleibt ein Rest von 200. Nun musst du dir genau überlegen, was das für deine Antwort bedeutet.

Lösungsvorschläge:

Antwort: **Die Ameisenkönigin benötigte mehr als 7 Tage, um diese Anzahl Eier zu legen.**
Oder:
Die Königin legte die Eier in knapp 8 Tagen.

Zahlen und Operationen: Test 4

1. Setze >, < oder = richtig ein.

Hinweis: *Dort, wo Rechenoperationen stehen, solltest du die Aufgaben zunächst ausrechnen und dir die Ergebnisse notieren. Dann fällt es dir leichter, das richtige Zeichen einzusetzen.*

a) 89 034 **<** 89 043

b) 40 · 600 **>** 7 000 – 5 000

c) 903 **<** 8 199 : 9

d) 8 637 – 5 630 **>** 3 000

e) 70 · 80 **=** 5 600

f) 4 560 + 440 **>** 4 560 – 140

2. Welches Rechenzeichen passt? Setze richtig ein.

Hinweis: *Schau bei den Aufgaben a bis d zuerst auf die rechte Zahl und prüfe, ob sie im Vergleich zur linken Zahl größer oder kleiner geworden ist. Wurde sie größer, musst du addieren oder multiplizieren. Wurde sie kleiner, musst du subtrahieren oder dividieren. Bei den Aufgaben e und f musst du so lange auf beiden Seiten die Rechenzeichen wechseln, bis die Ergebnisse auf der linken und rechten Seite gleich sind.*

a) 3 200 **–** 1 100 = 2 100

b) 5 610 **:** 10 = 561

c) 8 030 **+** 1 970 = 10 000

d) 20 000 **:** 200 = 100

e) 750 **+** 250 = 2 **·** 500

f) 444 **+** 444 = 1 000 **–** 112

3. Kreuze jeweils an, ob die Aussage wahr oder falsch ist.

Hinweis: *Um die Lösung zu finden, bildest du am besten einfache Aufgaben, mit denen du die Aussagen prüfen kannst.*

		richtig	falsch
a)	Die Differenz ist immer kleiner als der Minuend.	☐	☒
b)	Die Summe aus zwei Summanden ist immer größer als der eine Summand.	☐	☒
c)	Das Produkt zweier Zahlen ist immer größer als deren Summe.	☐	☒
d)	Endet eine Zahl auf 0, ist sie immer durch 5 teilbar.	☒	☐
e)	Ein Viertel einer Zahl ist größer als die Hälfte dieser Zahl.	☐	☒

4. Kati ist schon 10 Jahre alt und möchte zum Frühstück für ihre ganze Familie toasten. Neben Mutti, Vati und ihrem kleinen Bruder Tim kommen heute auch noch Oma und Opa dazu. Die Männer möchten jeweils 4 Scheiben, die Frauen und Kinder jeweils nur 2.

***Hinweis:** Fertige dir eine Übersicht an und trage ein, wer am Tisch sitzt und wer wie viele Scheiben Toast isst. Noch deutlicher wird es, wenn du zum Beispiel alle Männer farbig markierst – dann siehst du auf einen Blick, wie viele Personen 4 Scheiben und wie viele Personen 2 Scheiben essen. Für die Aufgabe b musst du die Gesamtzahl der Toastscheiben dann durch 2 dividieren.*

a) Kreuze an, welche Rechnung zeigt, wie viele Scheiben Kati insgesamt toasten muss.

☐ $10 + 4 + 2$ ☐ $4 + 4 + 2$

☒ $2 \cdot 4 + 4 \cdot 2$ ☐ $2 + 4 \cdot 4 + 2$

b) Wie oft muss Kati den Toaster füllen, wenn für 2 Scheiben Platz ist?

Antwort: **Kati muss den Toaster 8-mal befüllen.**

5. Tom liest in der Zeitung, dass in der Stadt Mainbrunn mit 4 685 Einwohnern statistisch gesehen jeder Fünfte einen Hund hat.

Wie viele Hunde leben in Mainbrunn?

***Hinweis:** „Jeder Fünfte" bedeutet, dass du die Einwohnerzahl durch 5 dividieren musst. Du rechnest also 4 685 : 5 = 937.*

Antwort: **Es leben 937 Hunde in Mainbrunn.**

6. Der Quotient lautet 64. Wie könnte der Dividend heißen? Kreuze an.

***Hinweis:** Bei dieser Aufgabe musst du zunächst einmal wissen, was die Fachbegriffe bedeuten: Der Quotient ist das Ergebnis einer Division; der Dividend ist die Zahl, die du teilst – also ein Vielfaches des Quotienten. Da der Quotient hier eine gerade Zahl ist, weißt du, dass auch der Dividend gerade sein muss. Die einzige der angegebenen Zahlen, bei der das zutrifft, ist die 384 (384 : 6 = 64).*

☒ 384

☐ 391

☐ 353

☐ 367

7. In der Klasse 4c lernen 26 Schüler. Für den Gruppenunterricht werden Vierertische gestellt.

Wie viele Gruppentische müssen entstehen? Begründe deine Antwort und schreibe eine passende Rechenaufgabe auf.

Hinweis: *Am besten machst du dir für diese Aufgabe eine Zeichnung. Zeichne für 4 Schüler jeweils ein Viereck als Tisch. Du wirst feststellen, dass für den 25. und 26. Schüler ein halbes Viereck entstehen müsste. Da es aber keine halben Tische gibt, braucht die Klasse 4c einen 7. Gruppentisch, auch wenn dieser nicht vollständig besetzt werden kann; 2 Plätze bleiben leer.*

Rechnung: **26 : 4 = 6, Rest: 2**

Antwort: **Es müssen 7 Vierertische gestellt werden.**

Begründung: **Die Zahl 26 kommt in der 4er-Reihe nicht vor. Deshalb bleiben auf alle Fälle Stühle übrig. Würde man weniger als 7 Vierertische aufstellen, hätten nicht alle Kinder Platz.**

8. Schreibe die Zahlwörter als Ziffern und ordne sie nach der Größe. Beginne mit der größten Zahl.

viertausendacht, achtzehntausendzweiundneunzig, fünfundzwanzig, siebenhundertdreiundsiebzig, dreihundertviertausendeins, einhundertsechsundsechzig

Hinweis: *Schreibe die Ziffern zunächst über die Zahlwörter, bevor du sie ordnest. Suche nach Wörtern, die verschiedene Stellen in der Zahl angeben, zum Beispiel „tausend“ oder „hundert“, und prüfe, wie oft diese vorkommen sollen.*

304 001; 18 092; 4 008; 773; 166; 25

9. Fülle die Tabelle richtig aus.

Hinweis: *Die Ergebnisse in den Spalten 3 und 4 zu finden, ist einfach – hierfür musst du die Ziffern aus den ersten beiden Spalten einfach addieren beziehungsweise subtrahieren. Fehlt die Ziffer in einer der ersten beiden Spalten, musst du Umkehraufgaben bilden.*

a	b	a + b	b – a
6 521	8 581	**15 102**	**2 060**
2 290	**7 710**	10 000	**5 420**
44 860	44 930	**89 790**	70
29 600	120 400	150 000	**90 800**
38 295	**50 000**	**88 295**	11 705

10. Lena hat sich eine Zahl gedacht und sie durch folgende Symbole dargestellt:

321 451 = ● ● ● ☺ ☺ ✚ ✿ ✿ ✿ ✿ ◆ ◆ ◆ ◆ ◆ ✳

__Hinweis:__ Hier musst du dir die Zahl und die Symbole genau ansehen. Dann erkennst du, dass jede Stelle (Hunderttausender, Zehntausender usw.) ein spezielles Symbol hat und durch die Anzahl dieser Symbole genau bestimmt wird.

a) Was bedeuten die einzelnen Symbole?

● = **100 000**

☺ = **10 000**

✚ = **1 000**

✿ = **100**

◆ = **10**

✳ = **1**

b) Schreibe in dieser Symbolschrift die Zahl 231 522 auf.

● ● ☺ ☺ ☺ ✚ ✿ ✿ ✿ ✿ ✿ ◆ ◆ ✳ ✳

11. Kai hat nur diese 5 Ziffernkärtchen zur Auswahl und bildet damit jeweils fünfstellige Zahlen.

9	6	2	0	7

__Hinweis:__ Für die kleinstmögliche Zahl ordnest du die Ziffern von links nach rechts von der kleinsten zur größten Ziffer – die 0 und die 2 musst du hier allerdings vertauschen, da die 0 nicht am Anfang stehen darf.
Für die größtmögliche Zahl ordnest du die Ziffern von links nach rechts von der größten zur kleinsten Ziffer.
Für die Zahl, die möglichst nah an der 60 000 liegt, musst du die 6 ganz nach links auf die Zehntausenderstelle setzen und die restlichen Zahlen von links nach rechts von der kleinsten zur größten Ziffer sortieren.
Die 20 000 ist sogar noch kleiner als die kleinstmögliche Zahl – die Zahl, die am weitesten von der 20 000 entfernt liegt, ist also gleichzeitig die größtmögliche Zahl, die du mit deinen Ziffernkarten legen kannst.
Für die Zahl, die möglichst nah an der 96 000 liegt, musst die 9 und die 6 auf die Zehntausender- beziehungsweise die Tausenderstelle setzen und die restlichen Ziffern von links nach rechts von der kleinsten zur größten Ziffern sortieren.

a) Schreibe die kleinstmögliche Zahl.
20 679

b) Schreibe die größtmögliche Zahl.
97 620

c) Schreibe die Zahl, die möglichst nah an der 60 000 liegt.
60 279

d) Schreibe die Zahl, die möglichst weit von 20 000 entfernt liegt.
97 620

e) Schreibe die Zahl, die möglichst nah an 96 000 liegt.
96 027

12. Schreibe die passenden Aufgaben und löse sie.

Hinweis: *Bei dieser Aufgabe musst du vor allem wissen, was die Fachbegriffe bedeuten, und dann die Angaben in Rechenschritte umwandeln. Anschließend musst du dir überlegen, in welcher Reihenfolge du rechnest. Einfacher wird es, wenn du dir in der Aufgabenstellung markierst, was zusammengehört (zum Beispiel „Addiere", „Produkt aus 50 und 20" und „Differenz aus 8 550 und 7 300"). Das Verb am Anfang der Aufgabenstellung nennt hier jeweils den Rechenschritt, den du ganz am Schluss ausführen musst.*

a) Addiere zum Produkt aus 50 und 20 die Differenz aus 8 550 und 7 300.

50 · 20 = 1000

8550
− 7300
1250

1000
+ 1250
2250

b) Dividiere die Summe aus 65 000 und 25 000 durch die Hälfte von 60.

65000
+ 25000
90000

60 : 2 = 30

90000 : 30 = 3000

c) Multipliziere den 7. Teil von 21 mit dem Quotienten aus 400 000 und 5 000.

21 : 7 = 3

400000 : 5000 = 80

80 · 3 = 240

13. Zahlenrätsel. Wie heißt jeweils die gesuchte Zahl?

Hinweis: Wandle die Angaben in Aufgaben um. Manchmal kann es dir auch helfen, einen Zahlenstrahl zu zeichnen.
a) Um die Zahl zu finden, die in der Mitte zwischen 30 000 und 70 000 liegt, zeichnest du dir entweder einen Zahlenstrahl oder du addierst die beiden Zahlen und dividierst das Ergebnis durch 2.
b) Ein Vielfaches bedeutet, dass die Zahl zur 15er-Reihe gehört. Du rechnest also so lange 15 + 15 + 15 …, bis du zur ersten Zahl gelangst, die zwischen 61 und 100 liegt.
c) Die Hälfte bedeutet, dass du durch 2 dividieren musst. Du rechnest also 120 : 2 = 60; 60 – 4 = 56.
d) Hier überlegst du dir am besten zuerst, welche Zahlen der 3er-Reihe zwischen 31 und 40 liegen: 33, 36 und 39. Die einzige dieser Zahlen, die gerade ist, ist die 36.

a) Sie liegt genau in der Mitte zwischen 30 000 und 70 000.
Lösung: **Die Zahl heißt 50 000.**

b) Sie ist das kleinste Vielfache von 15, das zwischen den Zahlen 61 und 100 liegt.
Lösung: **Die Zahl heißt 75.**

c) Sie ist um 4 kleiner als die Hälfte von 120.
Lösung: **Die Zahl heißt 56.**

d) Sie ist durch 3 teilbar, eine gerade Zahl und liegt zwischen 31 und 40.
Lösung: **Die Zahl heißt 36.**

14. Laura besucht 3-mal in der Woche das Schwimmtraining und muss dann jeweils 20 Bahnen schwimmen. Das Becken ist 25 m lang.

Hinweis: Laura schwimmt 3-mal in der Woche 20-mal 25 Meter. Die Rechnung, die zu der Geschichte passt, ist also die 3 · 20 · 25. Da man Faktoren vertauschen kann, ohne dass sich das Produkt ändert (Kommutativgesetz), stimmt auch die 20 · 3 · 25; du musst also beide Rechnungen ankreuzen.

a) Welche Rechnung passt zu dieser Geschichte? Kreuze an.

- [x] 3 · 20 · 25
- [ ] 3 · 25 + 20
- [ ] 3 + 25 · 20
- [ ] 25 + 3 + 20
- [x] 20 · 3 · 25

b) Was besagt das Rechengesetz, das für die richtige Lösung dieser Aufgabe zutrifft?

Antwort: **Faktoren kann man vertauschen, ohne dass sich das Produkt ändert.**

15. Finde für die Leerstellen Zahlen, die die Rechnungen zu richtigen Gleichungen machen.

Hinweis: *Rechne, wie du es gewohnt bist. Fülle während deiner Rechnung die fehlenden Zahlen auf.*

a)

		3	1	8	8	
		3	3	7	**7**	
	+	3	**0**	8	1	
		9	6	**4**	6	

b)

		6	5	6	5	
	–	2	6	1	**0**	
		3	**9**	5	5	

c)

3	4	·	6	**3**	8	
	2	**0**	4			
		1	0	2		
			2	7	2	
	2	1	6	9	2	

Größen und Messen: Test 1

1. Ordne die Längen nach der Größe. Beginne mit der kürzesten.

Hinweis: *1 km = 1 000 m; 1 m = 100 cm; 1 cm = 10 mm*
Zähle am Schluss, ob die Anzahl deiner Längen mit der Anzahl der Längen im Kästchen übereinstimmt.

45 km	77,5 cm	5 mm	98 cm	2,14 m	67 mm
89,56 m	709 m	5 km 71 m	2 m 14 cm	890 mm	

5 mm < 67 mm < 77,5 cm < 890 mm < 98 cm < 2,14 m/2 m 14 cm < 89,56 m < 709 m < 5 km 71 m < 45 km

2. Rechne in die angegebene Einheit um.

Hinweis: *1 t = 1 000 kg; 1 kg = 1 000 g; 100 g = 0,1 kg*

a) 3 000 000 g = **3** t
b) 123 kg = **0,123** t
c) 0,045 t = **45** kg
d) 500 g = **0,5** kg
e) 0,621 kg = **621** g
f) 27 t = **27 000** kg

3. Alex geht jeden Tag von 8 Uhr bis 13 Uhr in die Schule. Seine erste große Pause beginnt um 9.35 Uhr und endet um 9.55 Uhr. Seine zweite große Pause beginnt um 11.30 Uhr und endet um 11.45 Uhr.

Hinweis:
a) Zähle die Stunden von 8 Uhr bis 13 Uhr.
b) Jede Woche hat 5 Schultage und jeden Tag geht Alex 5 Stunden in die Schule. Also rechnest du 5 · 5 h = 25 h.
c) Jeder Monat hat 4 Wochen und jede Woche geht Alex 25 Stunden zur Schule. Also rechnest du 4 · 25 h = 100 h.
d) Zähle die Minuten zwischen 9.35 Uhr und 9.55 Uhr und die Minuten zwischen 11.30 Uhr und 11.45 Uhr.
Dann rechnest du: 20 min + 15 min = 35 min.
e) Jede Woche hat 5 Schultage und jeden Tag hat Alex 35 Minuten Pause.
Also rechnest du 5 · 35 min = 175 min.
Du musst wissen, dass 1 Stunde = 60 Minuten, also rechnest du:
120 min = 2 h; 175 min – 120 min = 55 min.

a) Wie viele Stunden geht Alex täglich in die Schule?
5 Stunden

b) Wie viele Stunden geht Alex jede Woche in die Schule?
25 Stunden

c) Wie viele Stunden geht Alex in einem Monat (4 Wochen) in die Schule?
100 Stunden

d) Wie viele Minuten hat Alex täglich Pause?
35 min

e) Wie viele Stunden und Minuten hat Alex in einer Woche Pause?
2 h **55** min

4. Mit den angegebenen Gewichtsstücken wurden Gegenstände gewogen. Bestimme das Gewicht in Gramm.

Hinweis: *Denke daran: 1 kg = 1 000 g. Addiere in jeder Zeile die Gewichte.*

	1 kg	500 g	200 g	100 g	20 g	10 g	5 g	2 g	1 g	Gesamtgewicht
a)		1	1		1	2		2	1	**745 g**
b)	1	1	2			1	3		4	**1 929 g**
c)	2			4	2	3		5	7	**2 487 g**
d)		1	3	3	1	5	1	4		**1 483 g**
e)	3		2	6			7	8	3	**4 054 g**

5. Michis Hund ist krank. Er muss einen Monat (30 Tage) lang jeden Tag zwei Vitamintabletten nehmen. In der Tablettenschachtel sind 20 Tabletten. Eine Schachtel kostet 3,50 €.

a) Wie viele Schachteln verbraucht Michis Hund?

Hinweis: *Du weißt, dass ein Monat 30 Tage hat und dass der Hund jeden Tag 2 Tabletten bekommt. Du rechnest also 30 · 2 Tabletten = 60 Tabletten. Du weißt, dass eine Schachtel 20 Tabletten enthält. Du rechnest also 60 (Tabletten) : 20 (Tabletten) = 3 (Schachteln).*

Antwort: **Michis Hund verbraucht drei Schachteln.**

b) Wie viel kosten die Tabletten, die Michis Hund nehmen muss, insgesamt?

Hinweis: Du weißt, dass Michis Hund 3 Schachteln Tabletten braucht. Eine Schachtel kostet 3,50 €. Du rechnest also 3 · 3,50 € = 10,50 €.

Antwort: **Die Tabletten kosten insgesamt 10,50 €.**

6. Ein Schiff wiegt 121 200 t bei seiner Abfahrt. Es fährt mehrere Häfen an und lädt seine gesamte Ladung ab.

Hafen 1:	50 500 t	Sand
Hafen 2:	2 300 t	Holz
Hafen 3:	2 700 t	Ziegel
Hafen 4:	7 400 t	Stahl
Hafen 5:	22 700 t	Marmor

a) Wie viele Tonnen hatte das Schiff insgesamt geladen?

Hinweis: Um die Gesamtladung zu ermitteln, musst du alle Gewichte, die in den 5 Häfen abgeladen werden, addieren.

50 500 t + 2 300 t + 2 700 t + 7 400 t + 22 700 t = 85 600 t

Antwort: **Das Schiff hatte insgesamt 85 600 t geladen.**

b) Wie hoch ist das Leergewicht des Schiffes?

Hinweis: Um das Leergewicht zu ermitteln, musst du das Gewicht der Fracht von dem Gewicht bei der Abfahrt subtrahieren.

121 200 t – 85 600 t = 35 600 t

Antwort: **Das Leergewicht des Schiffes beträgt 35 600 t.**

7. Zeichne die Strecken.

Hinweis: Eine Strecke wird gezeichnet, indem du mit dem Lineal zunächst eine gerade Linie zeichnest, dann auf der Linie einen Punkt markierst und die Länge der Strecke abträgst.

a) 85 mm

b) 6 cm 9 mm

c) 73 mm

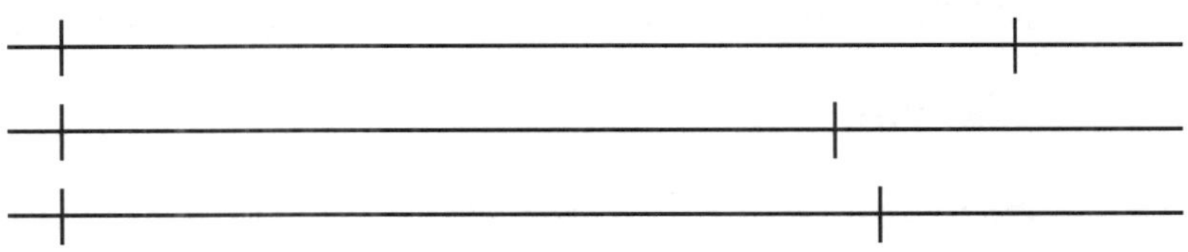

8. Hier siehst du an der Bushaltestelle am Bahnhof die Abfahrtszeiten der Linie 7.

Linie 7
vormittags ab 6.10 Uhr
alle 15 min

Linie 7
nachmittags ab 12.45 Uhr
alle 25 min

a) Schreibe die Abfahrtszeiten für die Linie 7 auf.

Hinweis: *Rechne beim Vormittagsplan immer 15 min dazu und beim Nachmittagsplan 25 min. Denke daran, dass eine Stunde 60 Minuten hat.*

vormittags
6.10 Uhr
6.25 Uhr
6.40 Uhr
6.55 Uhr
7.10 Uhr
7.25 Uhr

nachmittags
12.45 Uhr
13.10 Uhr
13.35 Uhr
14.00 Uhr
14.25 Uhr
14.50 Uhr

b) Der Bus der Linie 7 fährt vom Bahnhof 15 min bis zum Markt. Schreibe Abfahrt und Ankunft auf.

Hinweis: *Übertrage die Abfahrtszeiten aus a und zähle immer 15 Minuten dazu.*

Abfahrt	Ankunft
6.10	6.25
6.25	**6.40**
6.40	**6.55**
6.55	**7.10**
7.10	**7.25**
7.25	**7.40**

Abfahrt	Ankunft
12.45	13.00
13.10	**13.25**
13.35	**13.50**
14.00	**14.15**
14.25	**14.40**
14.50	**15.05**

c) Johannes fährt mit der Linie 7 vom Bahnhof um 12.45 Uhr zum Markt. Sein Fußballtraining beginnt um 15.30 Uhr.

Wie viel Zeit bleibt ihm bis zum Training?

Hinweis: *Du weißt, dass Johannes um 13.00 Uhr am Markt ankommt. Jetzt musst du die Zeitspanne zwischen 13.00 Uhr und 15.30 Uhr berechnen.*

Antwort: **Johannes bleiben bis zum Training 2 Stunden und 30 Minuten Zeit.**

9. Karla und Tim lernen in der Schule, dass ein Mensch etwa 70 Liter Tränen in seinem Leben vergießt.

a) Wie viele Liter Tränen werden die Kinder ihrer Grundschule (360 Schüler) insgesamt in ihrem Leben vergießen?

Hinweis: *Du multiplizierst die 70 ℓ mit der Anzahl der Kinder.*

70 ℓ · 360 = 25 200 ℓ

Antwort: **In ihrem Leben werden die Kinder insgesamt 25 200 ℓ Tränen vergießen.**

b) Rechne um in hℓ.

Hinweis: *1 Hektoliter (hℓ) = 100 Liter. 25 200 ℓ sind also 252 hℓ.*

25 200 ℓ = 252 hℓ

c) 910 hℓ Tränen vergießen wie viele Menschen zusammen?

Hinweis: *Du musst erst in Liter umrechnen, sonst rechnest du in der falschen Einheit. Danach dividierst du die Liter durch die durchschnittliche Menge Tränen eines einzelnen Menschen.*

910 hℓ = 91 000 ℓ
91 000 ℓ : 70 ℓ = 1 300

Antwort: **910 hℓ Tränen vergießen 1 300 Menschen.**

10. Jens träumt davon, Millionär zu sein.

a) Schafft er es, wenn er 20 Jahre lang sein Taschengeld von 20 € in der Woche spart?

Hinweis: *Jedes Jahr hat 52 Wochen. Also rechnest du 20 € · 52 = 1 040 €. In 20 Jahren spart er 1 040 € · 20 = 20 800 €.*

Antwort: **Er schafft es nicht, weil er in 20 Jahren nur 20 800 € spart.**

b) Wie viel müsste er monatlich ungefähr sparen, um in 20 Jahren Millionär zu sein?

Hinweis: *Jedes Jahr hat 12 Monate.*
Du rechnest 20 · 12 Monate = 240 Monate. 1 Million musst du dann auf 240 Monate verteilen, also rechnest du 1 000 000 € : 240.
Das sind etwa 4 166 € (Rest 160).

Antwort: **Er müsste monatlich ungefähr 4 166 € sparen, um in 20 Jahren Millionär zu sein.**

Größen und Messen: Test 2

1. Trage die Länge folgender Strecken ab.

__Hinweis:__ Eine Strecke wird abgetragen, indem du das Lineal am Nullpunkt anlegst, die Länge der Strecke genau abliest und dann markierst.

a) 4 cm 5 mm

b) 2 cm 6 mm

2. Ordne folgende Geldbeträge der Größe nach.
Beginne mit dem kleinsten.

__Hinweis:__ 1 € = 100 ct
Hast du weniger als 100 Cent, hast du 0 €, das heißt z. B. 35 Cent = 0,35 €.
Zähle am Schluss, ob die Anzahl deiner Geldbeträge mit der Anzahl der Geldbeträge im Kästchen übereinstimmt.

0,19 € < 24 ct < 42 ct < 0,75 € < 99 ct < 2,50 € < 3 € < 91 €

3. Ergänze bis zum nächsten Kilometer. Gib immer die Größenbezeichnungen mit an.

__Hinweis:__ 1 km = 1 000 m
Ergänze die kleinere Einheit immer auf die vollen Tausender.

a) 7 km 698 m + **302 m** = **8 km**

b) 3 km 67 m + **933 m** = **4 km**

c) 8 km 109 m + **891 m** = **9 km**

d) 78 km 24 m + **976 m** = **79 km**

4. Schreibe als Kommazahl.

Hinweis: *1 Euro = 100 Cent*
1 Zentimeter = 10 Millimeter; 1 Meter = 100 Zentimeter
Vor dem Komma stehen die größeren Einheiten, nach dem Komma die kleineren.

a) 30 € 47 ct = **30,47 €** b) 693 ct = **6,93 €**
c) 5 cm 7 mm = **5,7 cm** d) 167 cm = **1,67 m**
e) 805 mm = **80,5 cm** f) 6 m 56 cm = **6,56 m**

5. Wandle in die angegebene Einheit um.

Hinweis: *Schau dir genau an, welche Einheiten gegeben sind, und überlege, wie du die Größen umwandeln musst.*

a) 5 h 54 min = **354** min
b) 3 456 cm = **34** m **56** cm
c) 70 € 79 ct = **7 079** ct
d) 7 km 34 m = **7 034** m
e) 368 s = **6** min **8** s
f) 986 ct = **9** € **86** ct

6. Hier siehst du zwei Preistabellen.
Berechne die fehlenden Preise und setze sie in die Tabellen ein.

Hinweis: *Ist die Anzahl 1 gegeben, kannst du den Betrag mit der entsprechenden Anzahl multiplizieren, um den Preis für die Anzahl 4, 8 oder 10 zu ermitteln. Wenn die Anzahl 1 nicht gegeben ist, musst du sie ermitteln. Dazu dividierst du den angegebenen Preis oder die angegebenen Liter durch die entsprechende Anzahl. Dann kannst du wieder die Anzahl 1 mit der noch fehlenden Anzahl oder Menge multiplizieren.*

a)

Anzahl	1	4	8	10
Apfelsinen	35 ct	**140 ct**	**280 ct**	**350 ct**
Eier	**18 ct**	72 ct	**144 ct**	**180 ct**
Melonen	**1,75 €**	7,00 €	**14,00 €**	**17,50 €**

b)

Menge	1 ℓ	4 ℓ	8 ℓ	10 ℓ
Orangensaft	85 ct	**340 ct**	**680 ct**	**850 ct**
Milch	**0,92 €**	3,68 €	**7,36 €**	**9,20 €**
Olivenöl	**4,70 €**	18,80 €	**37,60 €**	**47,00 €**

7. Lisas Kinderzimmer soll mit Teppichfliesen ausgelegt werden. Das Zimmer ist 3 m 50 cm breit und 4 m lang. Eine Teppichfliese ist 50 cm breit und 50 cm lang.

Wie viele Teppichfliesen werden gebraucht?

Hinweis: *Damit die Teppichfliesen reichen, berechnest du erst, wie viele Fliesen du brauchst, um die Breite des Zimmers abzudecken: 350 cm : 50 cm = 7. Für die Länge rechnest du 400 cm : 50 cm = 8. Jetzt musst du die Ergebnisse multiplizieren und dann weißt du, wie viele Fliesen du brauchst: 7 · 8 = 56.*

Antwort: **Es werden 56 Teppichfliesen gebraucht.**

Begründung: **Das Zimmer ist 3 m 50 cm breit, also brauche ich für die Breite des Zimmers 7 Teppichfliesen in jeder Reihe. Das Zimmer ist 4 m lang, also brauche ich für die Länge des Zimmers 8 Reihen von je 7 Teppichfliesen. Zusammen sind das 7 · 8 = 56 Teppichfliesen.**

8. Bootsmann Rudi will mit seinem Motorboot 7 500 kg Obst befördern. Das Boot wiegt ohne Ladung 5 000 kg und darf mit Last nicht mehr als 11,7 t wiegen.

Darf Rudi die Last mit einer Fahrt befördern? Rechne aus.

Hinweis: *Zunächst musst du das Gewicht des Bootes mit der Last addieren. Das Ergebnis wandelst du in Tonnen um, damit du es mit der Angabe im Text vergleichen kannst.*

5 000 kg + 7 500 kg = 12 500 kg = 12,5 t
12,5 t > 11,7 t

Antwort: **Nein, für eine Fahrt ist die Last um 0,8 t zu schwer.**

9. Die Hexe Frieda braut sich einen Zaubertrank.
Sie braucht dafür:

$\frac{1}{2}$ ℓ Walnussmilch, $\frac{1}{2}$ ℓ Möhrenlimonade, $1\frac{1}{2}$ ℓ Hexensäure,

$\frac{1}{2}$ ℓ Schlangengift, $\frac{1}{4}$ ℓ Krokodilstränen, $\frac{3}{4}$ ℓ Zauberkrautsaft

a) Wie viele Liter Zaubertrank hat die Hexe Frieda hergestellt?

Hinweis: Bei dieser Aufgabe musst du die Bruchzahlen kennen:

$\frac{1}{2}\,\ell = 0{,}5\,\ell = 500\,m\ell$ $\frac{1}{4}\,\ell = 0{,}25\,\ell$ $\frac{3}{4}\,\ell = 0{,}75\,\ell = 750\,m\ell$

0,5 ℓ + 0,5 ℓ + 1,5 ℓ + 0,5 ℓ + 0,25 ℓ + 0,75 ℓ = 4 ℓ

Antwort: **Sie hat 4 Liter Zaubertrank hergestellt.**

b) Die Hexe hat 7 Zauberer eingeladen.
Wie viel Zaubertrank hat sie also für sich und jeden ihrer Gäste eingeplant?

Hinweis: Rechne am besten in mℓ. Vergiss nicht, die Hexe Frieda selbst mitzuzählen.

4 ℓ : 8 = 4 000 mℓ : 8 = 500 mℓ = 0,5 ℓ

Antwort: **Frieda hat 0,5 ℓ für sich und jeden ihrer Gäste eingeplant.**

10. In den Hauptbahnhof von Glücksstadt fährt gerade der Eilzug E 175 ein. In 60 Minuten wird der Schnellzug S 157 erwartet. Bereits vor 1/2 Stunde kam ein Sonderzug an. Die Bahnhofsuhr zeigt 11.15 Uhr.

Hinweis:
a) Beachte, dass der Stundenzeiger nur zur vollen Stunde genau auf eine Ziffer zeigt!
b) Der Eilzug fährt gerade ein, also kommt er um 11.15 Uhr an.
c) Der Sonderzug kam vor 30 Minuten, also um 10.45 Uhr an.
d) Der Schnellzug kommt in 60 Minuten = 1 Stunde, also um 12.15 Uhr an.

a) Zeichne die Zeiger der Bahnhofsuhr ein.

b) Wann trifft der Eilzug ein?
Der Eilzug trifft um 11.15 Uhr ein.

c) Wann traf der Sonderzug ein?
Der Sonderzug traf um 10.45 Uhr ein.

d) Wann wird der Schnellzug planmäßig eintreffen?
Der Schnellzug wird planmäßig um 12.15 Uhr eintreffen.

e) Trage deine Lösungen in die Tabelle ein.

Bezeichnung des Zuges	Ankunftszeit in Glücksstadt
E 175	**11.15 Uhr**
Sonderzug	**10.45 Uhr**
S 157	**12.15 Uhr**

Reihenfolge des Eintreffens in Glücksstadt
zuerst: **Sonderzug**
als Zweiter: **Eilzug/E 175**
zuletzt: **Schnellzug/S 157**

f) Zeichne die Ankunftszeiten der Züge in Glücksstadt ein.

Schnellzug	Sonderzug	Eilzug
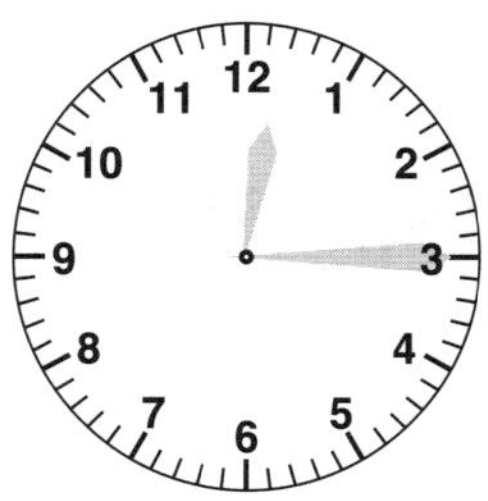		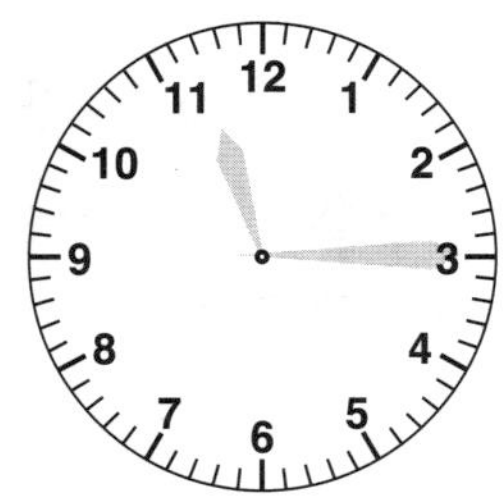

11. Kreuze die richtigen Aussagen an.

Hinweis: *1. Aussage: Jedes Jahr hat 365 Tage. Du rechnest 4 · 365 = 1 460.*
2. Aussage: Eine Schulwoche hat 5 Tage. Du rechnest 5 · 20 min (für Hinweg und Rückweg) = 100 min. 3 Stunden wären 3 · 60 min = 180 min.
3. Aussage: Ein Jahr hat 365 Tage. Eine Arbeitswoche hat 5 Arbeitstage. Also rechnest du 5 · 5 = 25; 25 + 100 = 125; 365 – 125 = 240.
4. Aussage: Jedes Jahr hat 52 Wochen. Rechne 9 · 52 = 468; 468 + 3 = 471.

[X] Meine Schwester ist 4 Jahre alt. Sie ist schon mehr als 1 000 Tage auf der Welt.

[ ] Mein Schulweg dauert 10 Minuten. In einer Woche dauert mein Schulweg mehr als drei Stunden.

[X] Meine Mutter hat im Jahr 5 Wochen Urlaub und an Wochenenden und Feiertagen 100 Tage frei. Sie arbeitet mehr als 200 Tage im Jahr.

[ ] Ich bin 9 Jahre und drei Wochen alt. Das sind mehr als 600 Wochen.

12. Frau Moos hat ein rechteckiges Grundstück. Es ist 50 Meter lang und 20 Meter breit. Sie möchte es gerne einzäunen und im Abstand von je 5 Metern einen Pfosten setzen lassen.

Hinweis: *Zeichne am besten eine Skizze auf ein Nebenblatt. Du solltest darauf achten, dass du maßstabsgerecht zeichnest, also zum Beispiel 1 Kästchen pro 5 Meter. Beschrifte die Skizze mit den Längenangaben.*
a) Rechne: 20 m + 50 m + 20 m + 50 m = 140 m
b) Verteile auf deiner Skizze die Pfosten (alle 5 m). Zähle die Pfosten ab.

a) Wie viele Meter Zaun muss sie kaufen?
Antwort: **Sie muss 140 Meter Zaun kaufen.**

b) Wie viele Pfosten muss sie kaufen?
Antwort: **Sie muss 28 Pfosten kaufen.**

13. Familie Irrgart will in den Urlaub fahren. Ihr Wohnwagen wiegt unbeladen 1,2 t. Das zulässige Gesamtgewicht beträgt 1,5 t.

Hinweis:
a) Du musst das Gewicht des Wohnwagens von dem Gesamtgewicht subtrahieren: 1,5 t – 1,2 t = 0,3 t.
b) 1 t = 1 000 kg; 1 kg = 1 000 g. 0,3 t sind also 300 kg bzw. 300 000 g.
c) Rechne: 1 900 kg : 300 kg = 6, Rest 100.
Es braucht also 7 Wohnwagen, um 1 900 kg zu transportieren.

a) Wie viele Tonnen darf die Familie zuladen?
Die Familie darf 0,3 Tonnen zuladen.

b) Rechne das Ergebnis um in kg und g.
0,3 t = 300 kg = 300 000 g

c) Wie viele Wohnwagen dieser Sorte bräuchte man, um 1 900 kg zu befördern?
Man bräuchte 7 Wohnwagen, um 1 900 kg zu transportieren.

1. Ordne folgende Gewichte der Größe nach.
Beginne mit dem leichtesten.

4 kg / 230 g / 4 560 g / 0,456 kg / 3 kg 52 g / 2 t 46 kg / 21 202 kg

Hinweis: *1 t = 1 000 kg; 1 kg = 1 000 g; 100 g = 0,1 kg*
Zähle zum Schluss, ob die Anzahl deiner Gewichte mit der Anzahl der angegebenen Gewichte übereinstimmt.

230 g < 0,456 kg < 3 kg 52 g < 4 kg < 4 560 g < 2 t 46 kg < 21 202 kg

2. Lukas war mit seinen Eltern und seiner kleinen Schwester Lara am Wochenende im Tierpark. Der Eintritt für Lara hat 3,50 € gekostet, für Lukas 5,80 €. Insgesamt hat Lukas' Vater 24,50 € bezahlt.

Wie viel kostet der Eintritt für einen Erwachsenen?

Hinweis: *Du weißt, dass der Eintritt für Lara 3,50 € und für Lukas 5,80 € kostet und Lukas Vater insgesamt 24,50 € bezahlt.*
Du rechnest also 3,50 € + 5,80 € = 9,30 €; 24,50 € – 9,30 € = 15,20 €.
Nun musst du das Ergebnis noch halbieren, da Lukas' Eltern 2 Personen sind: 15,20 € : 2 = 7,60 €.

Antwort: **Der Eintritt für einen Erwachsenen kostet 7,60 €.**

3. Ergänze bis zum nächsten Liter. Gib die Größenbezeichnung mit an.

Hinweis: *1 ℓ = 1 000 mℓ*
Ergänze die kleinere Einheit immer auf den vollen Tausender.

a) 0,345 ℓ + **0,655 ℓ** = **1 ℓ**
b) 6 1/2 ℓ + **1/2 ℓ** = **7 ℓ**
c) 0,043 ℓ + **0,957 ℓ** = **1 ℓ**
d) 1 700 mℓ + **300 mℓ** = **2 ℓ**

4. Setze die Reihe fort.

Hinweis: *1 cm = 10 mm; 1 m = 100 cm; 1 km = 1 000 m*
Wandle immer in die nächsthöhere Einheit um.

a)	Immer mal 10	1 mm, 1 cm, **10 cm, 1 m, 10 m**
b)	Immer mal 100	1 mm, **10 cm, 10 m, 1 km, 100 km**
c)	Immer mal 10	10 g, **100 g, 1 kg, 10 kg, 100 kg**
d)	Immer mal 100	100 g, **10 kg, 1 t, 100 t, 10 000 t**

5. Die Familien Schulze, Klein, Fricke und Öger haben eine Radtour gemacht. Welche Familie war am längsten unterwegs?

Kreuze an.

Hinweis: *1 h = 60 min; 1 Tag = 24 h; 3/4 h = 45 min*
Rechne und vergleiche:
Fam. Schulze: 560 min : 60 min = 9 h 20 min
Fam. Fricke: 24 h : 2 = 12 h
Fam. Öger: 11 h 45 min

- ☐ Fam. Schulze 560 min
- ☐ Fam. Klein 6 h 35 min
- ☒ Fam. Fricke 1/2 Tag
- ☐ Fam. Öger 11 3/4 h

6. Welche Gewichtsangaben ergeben zusammen 1 t?
Verbinde sie miteinander.

Hinweis: *1 t = 1 000 kg*

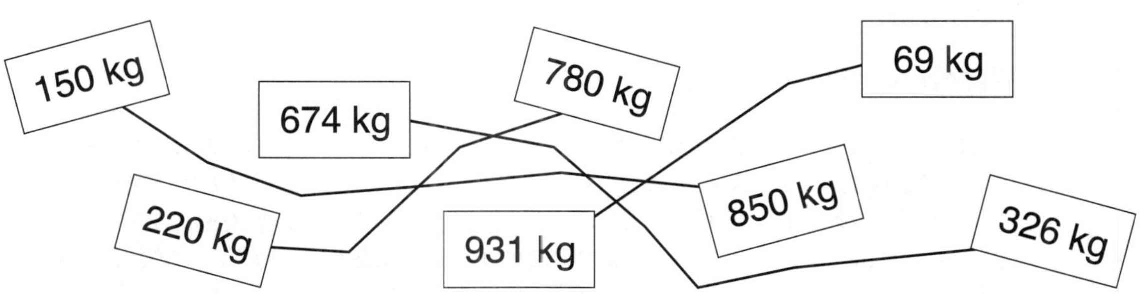

7. Lars kauft beim Bäcker Brötchen. Er kauft 12 einfache Brötchen für je 26 Cent und 8 Körnerbrötchen für je 48 Cent.

a) Wie viel muss er insgesamt bezahlen?

Hinweis: *Du weißt, dass Lars 12 Brötchen zu je 26 ct und 8 Körnerbrötchen zu je 48 ct kauft, also rechnest du:*
12 · 26 ct = 312 ct oder 3,12 €
8 · 48 ct = 384 ct oder 3,84 €
3,12 € + 3,84 € = 6,96 €

Antwort: **Er muss insgesamt 6,96 € bezahlen.**

b) Wie viel Geld erhält Lars zurück, wenn er 9,00 € mitgenommen hat?

Hinweis: *Errechne nun die Differenz aus 9,00 € und 6,96 €:*
9,00 € – 6,96 € = 2,04 €.

Antwort: **Er erhält 2,04 € zurück.**

8. Halbiere jede Größe.

Hinweis: *1 cm = 10 mm; 1 m = 100 cm; 1 km = 1 000 m*

Größe	1 cm	4 km 400 m	1 m	1 km
die Hälfte	**5 mm**	**2 km 200 m**	**50 cm**	**500 m**

9. Familie Adam möchte in ihrem Wohnzimmer neue Fußbodenleisten anbringen. Das Zimmer ist 4,50 m lang und 3,90 m breit. Die Tür ist 0,80 m breit, das Fenster ist 1 m hoch und 3,20 m breit. Ein Meter Fußbodenleiste kostet 6,40 €.

a) Zeichne eine Skizze.

Hinweis: *Zeichne die Skizze auf ein Nebenblatt. Achte darauf, dass du maßstabsgerecht zeichnest, also zum Beispiel 1 Kästchen oder 1 Zentimeter für 1 Meter. Beschrifte die Skizze mit den Längenangaben. Denke daran, dass die Tür von 0,80 m keine Fußbodenleiste braucht. Für die Skizze kannst du zum Beispiel 3,90 m – 0,80 m = 3,10 m = 310 cm rechnen und das Ergebnis durch 2 teilen: 310 cm : 2 = 155 cm = 1,55 m. Dann weißt du, wie viel Fußbodenleiste Familie Adam jeweils rechts und links neben der Tür benötigt.*

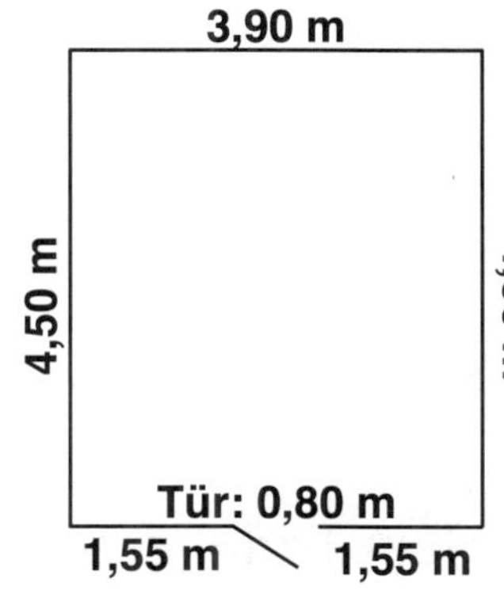

b) Wie viele Meter Fußbodenleiste braucht Familie Adam?

__Hinweis:__ Rechne 4,50 m + 3,90 m + 4,50 m + 1,55 m + 1,55 m = 16,00 m. Oder du rechnest 4,50 m + 3,90 m + 4,50 m + 3,90 m = 16,80 m und ziehst dann die Breite der Tür ab: 16,80 m – 0,80 m = 16,00 m.

Antwort: **Familie Adam braucht 16,00 m Fußbodenleiste.**

c) Wie viel kosten die Fußbodenleisten?

__Hinweis:__ Rechne 16 · 6,40 € = 102,40 €.

Antwort: **Die Fußbodenleisten kosten 102,40 €.**

d) Eine andere Sorte Fußbodenleiste wird stückweise zu je 2,50 m verkauft und kostet pro Stück 14,90 €.
Wie viele Leisten brauchen sie und wie viel muss Familie Adam bezahlen?

__Hinweis:__ Rechne 16,00 m : 2,50 m = 6 und es bleibt noch etwas übrig (Rest: 0,4). Familie Adam muss also 7 Stück kaufen, sonst reicht es nicht. Dann rechnest du 7 · 14,90 € = 104,30 €.

Antwort: **Sie brauchen 7 Fußbodenleisten und müssen dafür 104,30 € bezahlen.**

10. Julia und Lotta wiegen zusammen 58 kg. Julia ist 6 kg schwerer als Lotta. Tim wiegt 4 kg weniger als Julia. Die Mutter wiegt doppelt so viel wie Julia und die Oma und Julia wiegen zusammen 82 kg und Opa wiegt 35 kg mehr als Oma.

Wie viel kg wiegen die einzelnen Familienmitglieder?

__Hinweis:__ Du weißt, dass Julia und Lotta zusammen 58 kg wiegen und Julia 6 kg schwerer als Lotta ist.
Rechne 58 kg : 2 = 29 kg. Nun musst du die Hälfte von 6 kg, als 3 kg zu Julias Gewicht addieren und von Lottas Gewicht subtrahieren.
Tim: 32 kg – 4 kg = 28 kg; Mutter: 32 kg · 2 = 64 kg; Oma: 82 kg – 32 kg = 50 kg; Opa: 50 kg + 35 kg = 85 kg

Julia wiegt: **32 kg**	Lotta wiegt: **26 kg**
Tim wiegt: **28 kg**	Mutter wiegt: **64 kg**
Oma wiegt: **50 kg**	Opa wiegt: **85 kg**

11. Eine Aufgabe ist nicht lösbar. Kreuze sie an.

Hinweis: *1. Aufgabe: Du rechnest 1,78 m – 0,25 m = 1,53 m.*
2. Aufgabe: Du rechnest die Zeit von 15.15 Uhr bis 17.45 Uhr = 2 h 30 min.
3. Aufgabe: Diese Aufgabe ist nicht lösbar.

- [ ] Oskar ist 25 cm kleiner als sein Vater. Sein Vater ist 1,78 m groß. Wie groß ist Oskar?
- [ ] Leo geht jeden Mittwoch zum Training. Sein Training beginnt um 15.15 Uhr und endet um 17.45 Uhr. Wie lange dauert sein Training?
- [x] Jasmin und ihre Freundinnen fahren mit der Straßenbahn. Eine Fahrkarte kostet 1,25 €. Wie viele Kinder fahren mit der Straßenbahn?

12. Um 100 Blatt Kopierpapier herzustellen, benötigt man 280 ℓ Wasser. Ein Paket Kopierpapier beinhaltet 500 Blatt.

Wie viel Liter Wasser werden für 150 Pakete benötigt?

Hinweis: *100 ℓ = 1 hℓ*
Du weißt, dass zur Herstellung von 100 Blatt Kopierpapier 280 ℓ Wasser benötigt werden. Für 500 Blatt wird also das Fünffache an Wasser benötigt.
Rechne 5 · 280 ℓ = 1 400 ℓ oder 14 hℓ.
Für 150 Pakete brauche ich also das 150-fache an Wasser.
Rechne 150 · 14 hℓ = 2 100 hℓ.

Antwort: **Für 150 Pakete werden 2 100 hℓ Wasser benötigt.**

13. Eine ausgewachsene Giraffe wiegt 0,9 t. Ein neugeborenes Giraffenkalb wiegt 50 kg.

a) Wie viel nimmt die Giraffe nach ihrer Geburt zu?

Hinweis: *1 t = 1 000 kg*
Rechne 900 kg – 50 kg = 850 kg oder 0,85 t.

Antwort: **Die Giraffe nimmt nach ihrer Geburt 0,85 t zu.**

b) Wie viele Giraffenkälber wiegen so viel wie eine ausgewachsene Giraffe?

Hinweis: *Du weißt, dass ein Giraffenkalb 50 kg und eine ausgewachsene Giraffe 900 kg wiegt.*
Rechne 900 kg : 50 kg = 18.

Antwort: **18 Giraffenkälber wiegen so viel wie eine ausgewachsene Giraffe.**

1. Finde zu jeder Reihe die passende Regel und vervollständige die Reihe.

Hinweis: *Diese Aufgabe kannst du am besten lösen, indem du immer zwei nebeneinanderstehende Zahlen betrachtest und herausfindest, durch welche Rechnung du zur zweiten Zahl kommst.*

a) 4; 8; 12; **16**; **20**; **24** Regel: **+4**
b) 420; 390; **360**; **330**; **300** Regel: **−30**
c) 6; 12; 24; **48**; **96**; **192** Regel: **·2**
d) 91; 86; 81; **76**; **71**; **66** Regel: **−5**
e) 34; 40; 46; **52**; **58**; **64** Regel: **+6**

2. Erfinde nun selbst eine Reihe und nenne die passende Regel.

Hinweis: *Denke dir eine Regel für eine Zahlenreihe aus und eine Startzahl. Dann berechnest du einfach mit deiner Regel die weiteren Zahlen.*

Lösungsvorschlag:

13; 20; 27; 34; 41; 48 **Regel: +7**

3. Immer 4 Figuren in einer Reihe haben etwas gemeinsam.
Eine Figur in der Reihe passt nicht dazu.
Kreuze sie an und begründe.

Hinweis: *In Aufgabe a passt die zweite Figur von links nicht, weil sie keine dreieckige Innenfigur hat.*
In Aufgabe b passt ebenfalls die zweite Figur von links nicht, weil sie keine quadratische Innenfigur hat.

a)

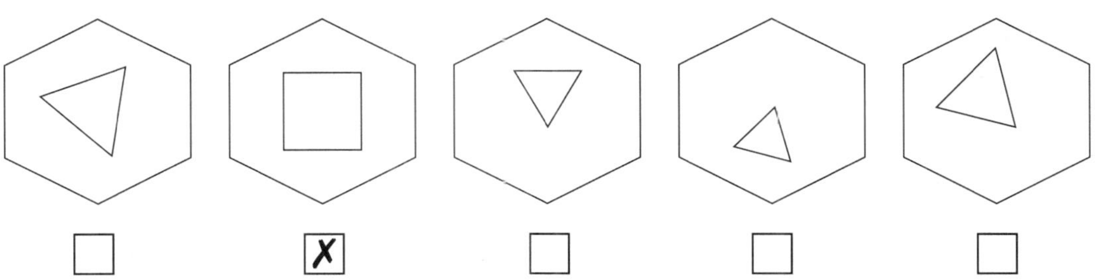

Begründung: **Die zweite Figur von links passt nicht, weil sie keine dreieckige Innenfigur hat.**

b)

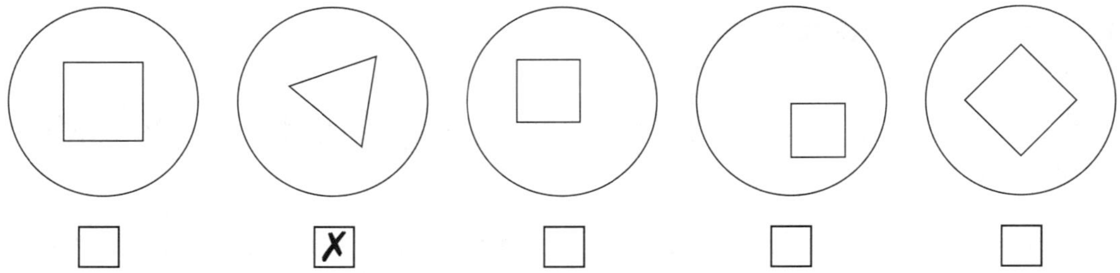

Begründung: **Die zweite Figur von links passt nicht, weil sie keine quadratische Innenfigur hat.**

4. Welche Zahl passt jeweils nicht in die Reihe?
Streiche sie durch.

Hinweis: *Schau dir die Reihen gut an und suche nach Gemeinsamkeiten, die alle Zahlen bis auf eine haben. Du kannst auch die Abstände zwischen den Zahlen untersuchen oder nach einem „Muster" suchen.*
a) 2er-Reihe; die 9 passt also nicht
b) Immer + 10; die 34 passt also nicht.
c) Gerade Zahlen; die 7 passt also nicht.

a)	2	4	6	8	~~9~~	10	12
b)	3	13	23	~~34~~	33	43	53
c)	0	12	~~7~~	16	86	4	92

5. Welches Symbol gehört in das freie Feld?
Ergänze es.

Hinweis: *Schau dir jede Zeile genau an und stelle fest, was sich von der ersten zur zweiten und von der zweiten zur dritten verändert hat. So findest du leicht heraus, was fehlt.*

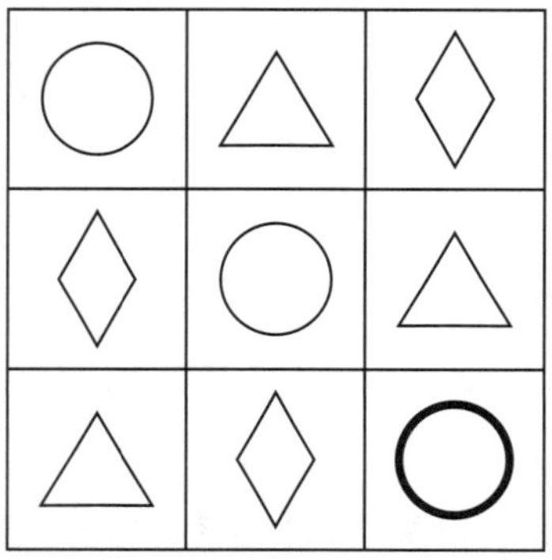

6. Setze die folgenden Reihen logisch fort.

Hinweis: *Bestimme zuerst die Größe der Abstände zwischen den benachbarten Zahlen und überlege, was immer gleich ist oder sich in gleicher Weise verändert. Du kannst dir auch von Zahl zu Zahl Bögen einzeichnen, über die du dir notierst, wie du von der einen zur nächsten Zahl kommst.*
a) immer +5
b) immer das Doppelte
c) immer +4, −3

a) 5; 10; 15; 20; **25**; **30**; **35**
b) 1; 2; 4; 8; **16**; **32**; **64**
c) 0; 4; 1; 5; 2; **6**; **3**; **7**

7. Welches Symbol muss an der 19. Stelle stehen?

Hinweis: *Du musst herausfinden, in welcher wiederkehrenden Reihenfolge die Symbole angeordnet wurden. Die Reihe besteht aus 6 Symbolen, das heißt: Weil 18 ein Vielfaches von 6 ist, hört das Muster an der 18. Stelle auf und beginnt an der 19. Stelle neu mit dem ersten Zeichen.*

⅄ ✦ ✦ ★ ★ ★ ⅄ ✦ ✦ ★ ★ ★ ⅄ ✦ ✦ ★ ★ ★ ⅄

An der 19. Stelle steht das Symbol ⅄.

8. Setze die Reihe um fünf weitere Symbole logisch fort.

Hinweis: *Diesmal wird in der Reihe nicht einfach nach einer gewissen Anzahl von Symbolen wieder von vorn begonnen, sondern die Symbole verändern sich in einer logischen Art und verlängern so die Reihe. Finde die Merkmale heraus, die sich von Symbol zu Symbol verändern, dann kannst du die nächsten fünf Symbole sicher einzeichnen. Achte auf die Anzahl der Dreiecke und die Zeigerichtung der Spitze (erst ein Pfeil nach links, nach rechts, nach oben, nach unten; dann zwei Pfeile nach links, nach rechts, nach oben, nach unten; dann drei Pfeile nach links, nach rechts, nach oben, nach unten). Im 7., 8. und 11. Feld könnten die Pfeile auch nebeneinander (und nicht übereinander) stehen. Richtig wäre auch, in die letzten drei Felder jeweils vier Pfeile zu zeichnen – in diesem Fall hättest du als Regel nach jeweils vier Feldern nicht einen Pfeil mehr erkannt, sondern die doppelte Anzahl an Pfeilen.*

Lösungsvorschlag:

◀	▶	▲	▼	◀◀	▶▶	▲ ▲	▼ ▼	◀◀◀	▶▶▶	▲ ▲ ▲

9. Berechne mithilfe der Hundertertafel folgende Aufgaben.

1	2	3	4	5	6	7	8	9	10
11	12	13	14	15	16	17	18	19	20
21	22	23	24	25	26	27	28	29	30
31	32	33	34	35	36	37	38	39	40
41	42	43	44	45	46	47	48	49	50
51	52	53	54	55	56	57	58	59	60
61	62	63	64	65	66	67	68	69	70
71	72	73	74	75	76	77	78	79	80
81	82	83	84	85	86	87	88	89	90
91	92	93	94	95	96	97	98	99	100

a) Welche drei untereinanderstehenden Zahlen ergeben die Summe 252?

__Hinweis:__ Um schnell auf die Antwort zu kommen, kannst du dir überlegen, wann die 2 am Ende einer Summe steht, wenn man 3 Zahlen addiert. Das ist nur bei der 4er-Reihe der Fall (4 + 4 + 4 = 1$\underline{2}$). Suche also gezielt in dieser Reihe nach den Zahlen.

74 + 84 + 94 ergibt die Summe 252.

b) Addiere die in der Hundertertafel markierten Zahlen.
23 + 24 + 25 + 34 + 44 = 150

c) Verschiebe die Figur in Gedanken um eine Position nach links und addiere die Zahlen. Wiederhole diesen Vorgang noch einmal.
22 + 23 + 24 + 33 + 43 = 145
21 + 22 + 23 + 32 + 42 = 140

d) Was fällt dir bei der Betrachtung der Summen auf?
Mit jeder Position, um die ich die Figur nach links verschiebe, wird die Summe um 5 kleiner (150, 145, 140).

e) Die Summe aus b kannst du mit der gleichen Form auch mit anderen Zahlen darstellen. Zeichne sie in die Hundertertafel ein.

Hinweis: *Die Figur muss in der Nähe liegen, da die Summe sich weiter entfernt von der Ausgangsfigur zu sehr verändern würde. (Lösung = dunkel gefärbte Figur in der Hundertertafel)*

10. Thea behauptet: „Immer, wenn ich zwei diagonale Zahlen auf der Zahlentafel addiere, kommt abwechselnd eine gerade und eine ungerade Zahl als Summe heraus."

Stimmt das? Rechne 4 Beispiele selbst und antworte dann.

Hinweis: *Mit den diagonalen Zahlen sind die Zahlen gemeint, die an den Ecken aneinanderstoßen. Rechne vier Beispiele und überlege, welche Regel du formulieren kannst: Addiert man zwei diagonale Zahlen, addiert man immer eine gerade und eine ungerade Zahl. Als Ergebnis erhält man also immer eine ungerade Zahl.*

Lösungsvorschlag:

1 + 12 = 13
12 + 23 = 35
23 + 34 = 57
34 + 45 = 79

Antwort: **Es stimmt nicht, denn es kommen immer ungerade Summen heraus.**

Welche Begründung fällt dir für deine Antwort ein?
Addiert man zwei diagonale Zahlen, addiert man immer eine ungerade und eine gerade Zahl. Bei diesen Rechnungen kommt immer eine ungerade Zahl heraus.

11. Ina, Lara, Mia und Noa wollen bei dem Projekt „Schüler laufen sich gesund" mitmachen.
Lara: „Ich will in einer Woche 210 Minuten laufen!"
Mia: „Nach einem Monat möchte ich 450 Minuten gelaufen sein."
Noa: „Ich will in zwei Tagen durchschnittlich 34 Minuten laufen."
Ina: „Ich habe mir vorgenommen, jeden Tag 25 Minuten zu laufen."

Hinweis: *Um die Tabelle auszufüllen, ist es wichtig, den Wert für einen Tag herauszufinden, denn dann kannst du leicht die anderen Werte ausrechnen. Bei Lara musst du die 210 Minuten erst einmal durch 7 dividieren, um auf den Wert für einen Tag zu kommen. Dann multiplizierst du diesen Wert einmal mit 2 und einmal mit 30.*

Bei Mia musst du 450 Minuten durch die 30 Tage dividieren, um auf den Durchschnittswert von einem Tag zu kommen. Diesen Wert musst du verdoppeln (um auf zwei Tage zu kommen) und mit 7 multiplizieren (um auf eine Woche zu kommen).
Bei Noa dividierst du die 34 Minuten durch 2. Damit kennst du die durchschnittliche Minutenanzahl am Tag von Noa. Diese Zahl multiplizierst du einmal mit 7 und einmal mit 30.
Bei Ina musst du den bekannten Wert für einen Tag einmal mit 2, einmal mit 7 und einmal mit 30 multiplizieren.

a) Entwirf eine Tabelle für 1 Tag, 2 Tage, 1 Woche und 1 Monat (30 Tage) für die vier Mädchen und trage die bekannten Werte ein.

b) Fülle die Tabelle ganz aus und trage die fehlenden Durchschnittswerte ein.

	1 Tag	**2 Tage**	**1 Woche**	**1 Monat**
Lara	**30 Minuten**	**60 Minuten**	**210 Minuten**	**900 Minuten**
Mia	**15 Minuten**	**30 Minuten**	**105 Minuten**	**450 Minuten**
Noa	**17 Minuten**	**34 Minuten**	**119 Minuten**	**510 Minuten**
Ina	**25 Minuten**	**50 Minuten**	**175 Minuten**	**750 Minuten**

1. Rechne.

Hinweis: *Denke bei dieser Aufgabe an die Regel „Punkt vor Strich". Du musst zuerst multiplizieren und dann mit dem Ergebnis weiterrechnen.*
Beispiel: 2 · 8 + 10. Du rechnest erst 2 · 8 = 16 und dann 16 + 10 = 26.

a) $2 \cdot 8 + 10 =$ **26**
$3 \cdot 7 + 15 =$ **36**
$4 \cdot 6 + 20 =$ **44**
$5 \cdot 5 + 25 =$ **50**

b) Sieh dir die Aufgaben genau an. Wie muss die nächste Aufgabe in der Folge heißen? Schreibe sie auf und rechne sie aus.

Hinweis: *Die erste Zahl (Multiplikator) wird in jeder Aufgabe um 1 größer. Die zweite Zahl (Multiplikand) wird immer um 1 kleiner. Zum Schluss betrachte die dritte Zahl (Summand), diese wird jeweils um 5 größer.*

$6 \cdot 4 + 30 = 54$

c) Was fällt dir auf, wenn du die Ergebnisse vergleichst?

Hinweis: *Vergleiche die Ergebnisse der Reihe miteinander.*
36 – 26 = 10, 44 – 36 = 8, 50 – 44 = 6, 54 – 50 = 4

Der Unterschied (Differenz) der aufeinanderfolgenden Ergebnisse wird immer um 2 kleiner.

2. Finde zu jeder Reihe die passende Regel und vervollständige die Reihe.

Hinweis: *Schreibe dir jeweils den Rechenschritt auf, mit dem du von der einen zur nächsten Ziffer kommst. Dann kannst du die Regel ganz leicht finden. Achtung: Die Regel besteht aus zwei Rechenschritten!*

a) 8; 10; 13; 15; 18; 20; **23**; **25**; **28**; **30**; **33**
Regel: **+2, +3**

b) 42; 40; 44; 42; 46; 44; **48**; **46**; **50**; **48**; **52**
Regel: **–2, +4**

c) 10; 20; 23; 46; 49; 98; **101**; **202**; **205**; **410**; **413**
Regel: **·2, +3**

d) 150; 170; 160; 180; 170 190; **180**; **200**; **190**; **210**; **200**
Regel: **+20, –10**

3. Setze die Muster fort.

Hinweis: *Du musst bei diesen Aufgaben genau hinsehen, damit dir auffällt, welche Musterteile sich wiederholen, und sie dann genau nachzeichnen. Die Kästchen sind dir dabei eine Hilfe. In Aufgabe b musst du beachten, dass die Figuren zu den vorangehenden spiegelbildlich gezeichnet werden müssen.*

a)

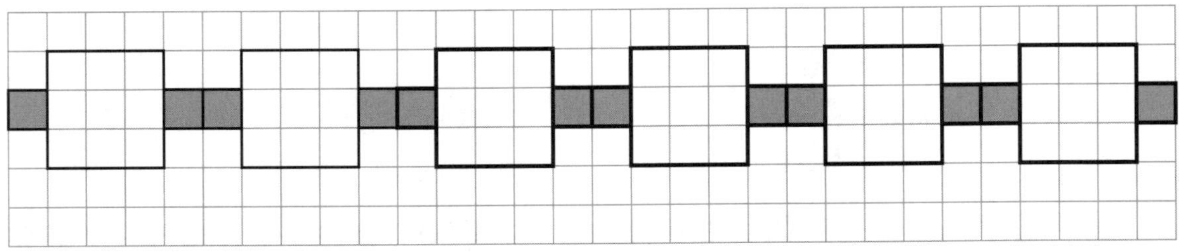

b)

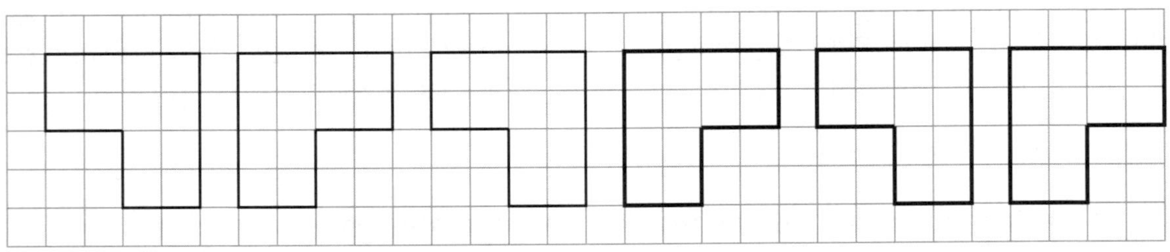

c)

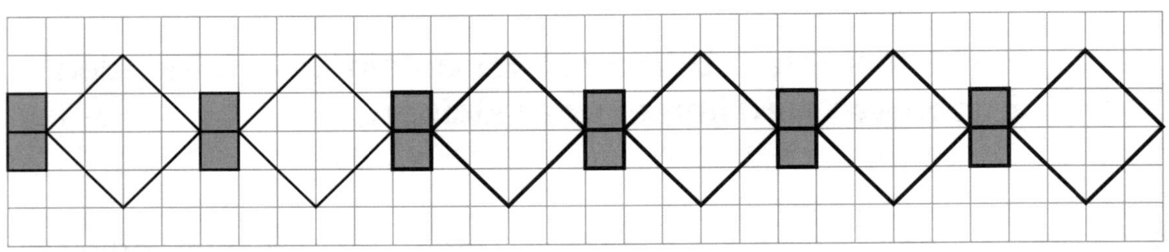

d)

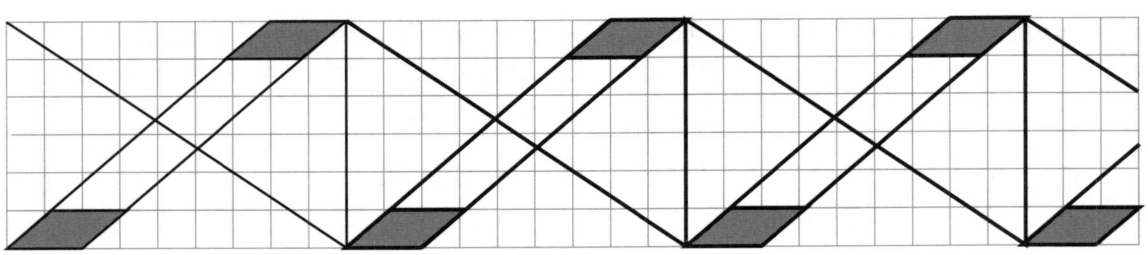

4. Hier siehst du Zahlenfolgen. In jeder Zahlenfolge ist ein Fehler. Streiche die falsche Zahl weg, schreibe die richtige Zahl und die Regel der Folge auf.

***Hinweis:** Rechne immer die ganze Zahlenfolge durch und beobachte, welche Rechenschritte öfter als einmal vorkommen. Probiere verschiedene Rechenwege aus. Dann verändere die Zahlen, bis die Reihe passt.*

a) 16; 20; 40; ~~45~~; 88; 92; 184 **44** Regel: **+4, ·2**

b) 70; 85; 76; 91; 82; 97; 88; ~~102~~ **103** Regel: **+15, −9**

c) 12; 3; 24; 6; 48; ~~16~~; 96; 24 **12** Regel: **: 4, ·8**

5. Karin hat zum Geburtstag ein Buch mit 900 Seiten geschenkt bekommen.

a) Karin nimmt sich vor, das Buch in 10 Tagen zu lesen. Wie viele Seiten muss sie also jeden Tag schaffen?

***Hinweis:** Karin will 900 Seiten in 10 Tagen lesen, also musst du 900 : 10 = 90 rechnen.*

Sie muss 90 Seiten am Tag lesen.

b) Um immer den Überblick zu behalten, zeichnet Karin eine Tabelle für die erste Woche des Leseprojekts.
Darin verzeichnet sie die ersten sieben Tage, die geschafften Seitenzahlen („Seiten gelesen") und am Ende des Tages die noch zu lesenden Seitenzahlen („Seiten zu lesen").
Karin beginnt die Tabelle mit dem ersten Tag des Projektes.

Wie sieht Karins Tabelle aus?

***Hinweis:** Trage oben in die Spalten die Tage ein. Dann füllst du die Tabelle aus: Wenn Karin pro Tag 90 Seiten liest, dann werden die „Seiten gelesen" jeden Tag 90 mehr, die „Seiten zu lesen" jeden Tag 90 weniger. Um zu überprüfen, ob du die richtigen Zahlen eingetragen hast, kannst du überall die „Seiten gelesen" und die „Seiten zu lesen" addieren – die Summe muss immer 900 sein.*

	1. Tag	2. Tag	3. Tag	4. Tag	5. Tag	6. Tag	7. Tag
Seiten gelesen	**90**	**180**	**270**	**360**	**450**	**540**	**630**
Seiten zu lesen	**810**	**720**	**630**	**540**	**450**	**360**	**270**

c) Sind die Aussagen richtig oder falsch?
Entscheide und kreuze an.

Hinweis: *Rechne die Aussagen nach und entscheide dich dann.*

Verdoppelt sich die Anzahl der Tage, so verdoppelt sich gleichzeitig auch die Zahl der gelesenen Seiten.

☒ richtig
☐ falsch

Verdoppelt sich die Anzahl der Tage, so halbiert sich gleichzeitig die Zahl der noch zu lesenden Seiten.

☐ richtig
☒ falsch

Die Summe von „geschafften Seiten“ und „noch zu lesenden Seiten“ ist immer 900.

☒ richtig
☐ falsch

6. Löse mithilfe der Tausendertafel folgende Aufgaben.

10				50					100
		230							300
	320	**330**	**340**		360				
		430			Spie-gel-achse		480		
	520	**530**	**540**						
		630	640						
						770			
								990	

a) Fülle die Ausschnitte aus der Tausendertafel mit den passenden Zahlen.

530		**550**		
	640			**670**
730		**750**	**760**	

230		**250**
330	**340**	
		450
530		**550**

b) Färbe auf der Tafel 5 senkrechte Felder mit der Mittelzahl 430 und der Summe 2 150.

Hinweis: *Mittelzahl bedeutet, dass die 430 in der Mitte sein soll. Senkrecht bedeutet, dass die Zahlen übereinanderstehen. Es gibt nur eine Möglichkeit zum Färben (siehe Tausendertafel).*

c) Finde ein anderes Muster mit 5 Zahlen, der Mittelzahl 430 und der Summe 2 150 und zeichne es im Feld ein.

Hinweis: *Das Muster im Hunderterfeld oben zeigt nur eine Möglichkeit von mehreren. Möglich wäre auch das Einfärben der Zahlen 330, 430, 530, 420, 440 oder 210, 320, 430, 540, 650. Es gibt aber noch viele andere Möglichkeiten.*

d) Warum verändert sich die Summe nicht, obwohl die Muster verschieden sind? Versuche, einen Grund zu finden.

Alle Felder der Muster ordnen sich um die Zahl 430. Die Muster sind symmetrisch, die Symmetrieachse verläuft immer durch die Zahl 430. Das bedeutet: Was ich auf der einen Seite mehr dazuzähle, wird auf der anderen Seite wieder abgezogen. So bleibt die Summe immer gleich.

Beispiel 1. Figur: 230 + 330 = 560 530 + 630 = 1 160

Beispiel 2. Figur: 320 + 330 = 650 520 + 540 = 1 060

Muster und Strukturen: Test 3

1. Rechne und finde zu jeder Rechenreihe die Aufgabe, die sich logisch anschließt.

Hinweis: *Sieh dir an, wie sich die Zahlen von einer Gleichung zur darunterstehenden verändern. Hast du die Regel erkannt, setzt du die Reihe um eine weitere Gleichung fort.*
a) Alle Zahlen der Rechenaufgabe werden nach unten hin um 1 größer.
b) Die ersten beiden Zahlen der Rechenaufgabe werden nach unten hin jeweils um 2 größer, die dritte Zahl wird um jeweils 4 größer.
c) Die erste Zahl der Rechenaufgabe wird um jeweils 10 000 größer, die zweite um 1 und die dritte um 2.
d) Die erste Zahl der Rechenaufgabe wird um jeweils 5 000 größer, die zweite um 2 und die dritte um 3. Das erste Rechenzeichen ist immer abwechselnd + und –.

a)
0 · 1 · 2 = **0**
1 · 2 · 3 = **6**
2 · 3 · 4 = **24**
3 · 4 · 5 = **60**
4 · 5 · 6 = 120

b)
1 · 3 + 4 = **7**
3 · 5 + 8 = **23**
5 · 7 + 12 = **47**
7 · 9 + 16 = **79**
9 · 11 + 20 = 119

c)
10 000 – 1 · 2 = **9 998**
20 000 – 2 · 4 = **19 992**
30 000 – 3 · 6 = **29 982**
40 000 – 4 · 8 = **39 968**
50 000 – 5 · 10 = 49 950

d)
5 000 + 2 · 2 = **5 004**
10 000 – 4 · 5 = **9 980**
15 000 + 6 · 8 = **15 048**
20 000 – 8 · 11 = **19 912**
25 000 + 10 · 14 = 25 140

2. Ergänze in jeder Reihe logisch die folgenden 5 Zahlen und gib die passende Regel an.

Hinweis: *Betrachte die Zahlen genau und finde heraus, wie sie sich zur jeweils nächsten Zahl verändern. Es kann auch sein, dass du die Zahl nicht als Ganzes, sondern die Ziffern einzeln betrachten musst – zum Beispiel in den Aufgaben a und d.*

a) 101; 111; 121; 131; **141**; **151**; **161**; **171**; **181**

Regel: **Die erste und die dritte Ziffer bleiben gleich, die zweite Ziffer erhöht sich jeweils um 1.**

b) 102; 127; 115; 140; 128; 153; **141**; **166**; **154**; **179**; **167**

Regel: **immer +25, –12**

c) 4; 8; 11; 22; 25; **50**; **53**; **106**; **109**; **218**

Regel: **immer · 2, +3**

d) 111; 224; 339; 4 416; **5 525**; **6 636**; **7 749**; **8 864**; **9 981**

Regel:

Die erste Ziffer wird jeweils um 1 erhöht und doppelt geschrieben, anschließend kommt das Ergebnis der Multiplikation aus beiden (Quadratzahl).

oder

die ersten zwei Ziffern + 11, die Ziffern dahinter immer + die nächste ungerade Zahl (+ 3 + 5 + 7 ...)

3. Streiche durch, was nicht logisch in die Reihe passt.

Hinweis: *Auch hier musst du dir, wie in Aufgabe 2, überlegen, wie du zur jeweils nächsten Zahl beziehungsweise zur nächsten Buchstabenreihe oder zum nächsten Zeichen kommst. Auf diese Weise erkennst du die Regel einer Reihe. Anschließend musst du überlegen, was nicht in diese Reihe passt.*
Achtung: Du musst genau aufpassen, ob du wirklich entdeckt hast, was nicht in die Reihe passt, oder ob du möglicherweise noch nicht die richtige Regel gefunden hast.
a) Die erste und letzte Ziffer ist immer eine 1, in der Mitte steht immer eine 0 mehr.
b) + 1, + 2, + 3, + 4 und immer so weiter
c) Die Reihe wird immer um den nächsten Buchstaben aus dem Alphabet erweitert, wobei dieser zunächst nur als Großbuchstabe und anschließend erst groß- und dann kleingeschrieben wird.
d) Die Pfeilspitze zeigt erst nach links und wandert dann im Uhrzeigersinn immer eine Achteldrehung weiter.

a) 101; 1 001; 10 001; ~~100 061~~; 1 000 001; 10 000 001; 100 000 001; 1 000 000 001

b) 0; 1; 3; 6; 10; 15; ~~20~~; 28; 36; 45; 55; 66; 78; 91; 105; 120

c) A; Aa; AaB; AaBb; AaBbC; AaBbCc; ~~AabBCcD~~; AaBbCcDd; AaBbCcDdE

d) ← ↖ ↑ ↗ → ↘ ↓ ↙ ← ↖ ~~↓~~ ↗ →

4. Was musst du in Aufgabe 3 an die durchgestrichenen Stellen schreiben, damit die Reihen stimmen?

Hinweis: *Für die Aufgabe 3 hast du dir die Regeln für die Reihen überlegt. Nun musst du überlegen, was an die Stelle kommt, die du oben durchgestrichen hast.*

Reihe a: **100 001**

Reihe b: **21**

Reihe c: **AaBbCcD**

Reihe d: **↑**

5. a) Zeichne die nächsten beiden logischen Muster ein. Achte dabei auch auf die richtigen Abstände zum vorherigen Muster.

__Hinweis:__ Das nächste Muster entsteht, indem die Punktereihe nach oben und nach links um jeweils einen Punkt verlängert wird. Der Abstand zwischen den Mustern ist immer ein Kästchen.

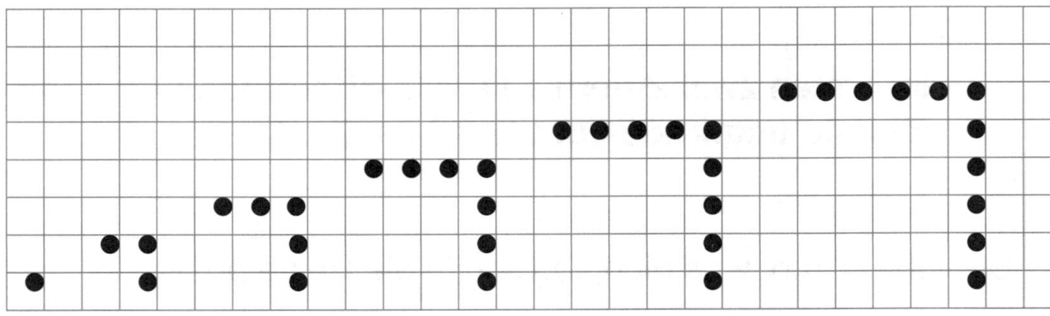

1. 2. 3. 4. **5.** **6.**

b) Aus wie vielen Zeichen besteht das 8. Muster dieser Reihe? Wie heißt die logische Regel?

__Hinweis:__ Da das nächstfolgende Muster immer um einen Punkt nach oben und nach links verlängert wird, erhöht sich die Anzahl der Punkte bei jedem neuen Muster um 2: Das erste Muster besteht aus einem Punkt, das zweite aus 3 Punkten, das dritte aus 5 Punkten und immer so weiter; das achte Muster besteht also aus 15 Punkten.

Das 8. Muster besteht aus **15** Zeichen.

Die Regel lautet: **Das nächstfolgende Muster wird immer um jeweils einen Punkt nach oben und nach links verlängert.**

6. Opa Maler möchte seinen Gartenzaun neu streichen.
Er zählt die einzelnen Abschnitte seines Zaunes und stellt fest, dass es insgesamt 20 Teilstücke sind, die jeweils aus 8 einzelnen Latten bestehen.
Opa Maler nimmt sich vor, die Arbeit in 4 Tagen zu schaffen.
Er überlegt, wie er die Arbeit gleichmäßig verteilen muss.

a) Trage die Anzahl der Latten so in die Tabelle ein, dass Opa Maler täglich gleich viel zu tun hat.

__Hinweis:__ Überlege zunächst, wie viele Latten es insgesamt sind – dafür musst du 8 (Latten) · 20 (Teilstücke) = 160 rechnen. Diese Gesamtanzahl teilst du nun durch 4: 160 : 4 = 40.

	1. Tag	2. Tag	3. Tag	4. Tag
Anzahl der Latten	**40**	**40**	**40**	**40**

b) Kreuze an, ob folgende Aussagen wahr oder falsch sind.

Hinweis: *Stell dir die Situation, in der Opa Maler seinen Zaun streicht, genau vor. Dabei merkst du schnell, dass der Zaun natürlich nicht länger wird, je mehr Opa Maler streicht. Alle anderen Aussagen sind wahr.*

Je mehr Latten Opa Maler streicht,	wahr	falsch
… desto länger wird der Zaun.	☐	☒
… desto weniger Farbe ist im Eimer.	☒	☐
… desto weniger muss er noch streichen.	☒	☐
… desto leichter wird der Farbeimer.	☒	☐

c) Opa Maler möchte bei der Planung keinen Fehler machen und schreibt nun noch alle weiteren Möglichkeiten auf, die er hätte, um zwar immer gleich viel zu arbeiten, dafür aber unterschiedlich lange zu brauchen. Ergänze seine Übersicht.

Hinweis: *In Aufgabe a hast du schon berechnet, dass es insgesamt 160 Latten sind. Diese Anzahl musst du nun immer durch die angegebene Anzahl der Arbeitstage dividieren.*

Anzahl der Arbeitstage	1	2	4	5	8	10	16	20	32	40	80	160
Anzahl der Latten je Tag	**160**	**80**	**40**	**32**	**20**	**16**	**10**	**8**	**5**	**4**	**2**	**1**

7. Löse folgende Aufgaben. Du kannst dir das Tausenderfeld zu Hilfe nehmen.

10			40		**60**	**70**	**80**		
					160	**170**	**180**		200
	220				**260**	**270**	**280**		
				450					
									600
710									
							980		

__Hinweis:__ Bei 3 benachbarten Zahlen im Tausenderfeld, egal ob sie waagerecht, senkrecht oder diagonal benachbart sind, ist es immer so, dass die Zahl auf der einen Seite um so viel kleiner ist als die Zahl in der Mitte, wie die Zahl auf der anderen Seite größer ist als die Zahl in der Mitte. Die Summe der beiden äußeren Zahlen ist bei der gleichen Mittelzahl also immer gleich.

a) Finde 3 benachbarte Zahlen im Tausenderfeld (waagerecht, senkrecht oder diagonal), die die Summe 510 haben. Schreibe sie geordnet auf. Beginne mit der kleinsten.

__Hinweis:__ Um die 3 Zahlen zu finden, deren Summe 510 ist, überlegst du dir zuerst, welche Zahl in der Mitte steht; du rechnest also 510 : 3 = 170. Anschließend siehst du nach, welche gegenüberliegenden Nachbarzahlen die 170 hat, also zum Beispiel die 70 und die 270. Um dein Ergebnis zu prüfen, rechnest du 70 + 170 + 270 = 510.

Lösungsvorschlag:

Die Zahlen sind: **70, 170, 270**

b) Wie viele Lösungsmöglichkeiten gibt es für diese Aufgabe?

__Hinweis:__ Die benachbarten Zahlen dürfen waagerecht, senkrecht oder diagonal benachbart sein. Betrachte also die 170 im Tausenderfeld und sieh nach, wie viele mögliche Anordnungen es gibt. Insgesamt sind es 4: von oben nach unten, von links oben nach rechts unten, von rechts oben nach links unten und von links nach rechts. Hilfreich ist es, wenn du dir die verschiedenen Möglichkeiten jeweils mit einer anderen Farbe markierst, dann kannst du sie noch deutlicher erkennen.

Es gibt **4** Möglichkeiten.

c) Schreibe alle fehlenden Möglichkeiten auf. Ordne wieder von der kleinsten zur größten Zahl.

__Hinweis:__ Nun kannst du deine Überlegungen aus Aufgabe b nutzen und die entsprechenden Möglichkeiten aufschreiben. Neben der 70, 170 und 270 (von oben nach unten) kommen noch die 60, 170 und 280 (von links oben nach rechts unten), die 160, 170 und 180 (von links nach rechts) und die 80, 170 und 260 (von rechts oben nach links unten) infrage.

60, 170, 280 **160, 170, 180** **80, 170, 260**

d) Sieh dir deine Lösungen an und überlege, worin der Grund für die verschiedenen Möglichkeiten liegt.

Wenn man 510 durch 3 dividiert, erhält man die Zahl 170, die in der Mitte stehen muss. Die beiden anderen benachbarten Zahlen müssen 340 ergeben – dies ist im Tausenderfeld bei allen angrenzenden, gegenüberliegenden Zahlen der Fall.

8. Oma Maler bereitet Opas Geburtstagsfeier vor.
Als Gäste werden die beiden Söhne mit ihren Ehefrauen, die Tochter mit ihrem Freund und insgesamt 5 Enkel erwartet. Außerdem sind Opas Bruder und Omas Schwester noch mit ihren Ehepartnern dabei. Für die Feier möchte Oma Maler Torten backen. Um besser planen zu können, hat sie sich eine Tabelle erstellt:

Anzahl der Torten	1	2	3	4	5
Anzahl der Stücke	**12**	24	**36**	**48**	**60**
Kosten je Torte	**8,50** €	**17,00** €	25,50 €	**34,00** €	**42,50** €
Tortenpreis beim Bäcker	14,40 €	**28,80** €	**43,20** €	**57,60** €	**72,00** €

a) Vervollständige die Tabelle.

Hinweis: *In jeder Zeile der Tabelle ist bereits eine Zahl vorgegeben. Wenn du diese durch die Anzahl der Torten dividierst, erhältst du das Ergebnis für die Spalte 1 (also für die Anzahl der Stücke oder die Kosten/den Preis einer Torte). Für die anderen Spalten musst du diesen ersten Wert entsprechend multiplizieren. (Beim Tortenpreis beim Bäcker ist der Preis für eine Torte bereits vorgegeben, das heißt, du kannst dir den ersten Schritt sparen und musst hier nur multiplizieren.)*

b) Für wie viele Personen muss Oma planen?

Hinweis: *Lies die Aufgabe noch einmal genau durch, markiere dir alle Personen, die erwähnt werden, und zähle sie zusammen.*

Oma muss für 17 Personen planen.

c) Wie viele Stücke Torte ergibt eine Torte?

Hinweis: *Diese Information kannst du ganz einfach aus deiner Tabelle ablesen.*

Eine Torte ergibt 12 Stücke.

d) Wie viele Torten muss Oma backen, damit jede Person zwei Stücke essen kann?

Hinweis: *In Aufgabe b hast du dir überlegt, für wie viele Personen Oma planen muss, nämlich für 17. Da jede Person zwei Stücke bekommen soll, rechnest du $17 \cdot 2 = 34$. Nun kannst du in der Tabelle nachsehen, wie viele Torten man braucht, um 34 Stücke zu erhalten, nämlich 3. (Es bleibt zwar ein Rest, aber das ist in Ordnung. Wichtig ist, dass keine Stücke fehlen.)*

Oma muss 3 Torten backen.

e) Wie viel Geld muss Oma für das Backen ihrer Torten einplanen?

Hinweis: *Sieh in deiner Tabelle nach.*

Für die 3 Torten muss Oma 25,50 € einplanen.

f) Wie viel Geld müsste Oma bezahlen, wenn sie die Torten beim Bäcker kaufen würde?

Hinweis: *Auch diese Information kannst du einfach aus deiner Tabelle ablesen.*

Beim Bäcker müsste Oma für die 3 Torten 43,20 € bezahlen.

g) Wie groß ist die Differenz der Kosten?

Hinweis: *Die Differenz ist das Ergebnis einer Minusrechnung. Du musst also die 43,20 € – 25,50 € = 17,17 € rechnen.*

Die Differenz der Kosten beträgt 17,70 Euro.

9. Lisa übte täglich Seilspringen und schaffte 2 Wochen lang jeden Tag 4 Durchschläge mehr. Dann blieb die Anzahl der Durchschläge gleich. Begonnen hatte sie mit 16 Durchschlägen.

a) Wie viele Durchschläge schaffte sie nach einer Woche?

Hinweis: *Schreibe dir eine Zahlenreihe, die mit 16 beginnt, und bei der die nachfolgende Zahl immer um 4 (Durchschläge) höher ist. Da eine Woche 7 Tage hat, muss deine Zahlenreihe nach der 16 genau 7 Zahlen lang sein. An der letzten Zahl kannst du dann die Anzahl der Durchschläge nach einer Woche ablesen, nämlich 44.*

Nach einer Woche schaffte sie 44 Durchschläge.

b) Nach wie vielen Tagen hatte sie ihre Anfangszahl bereits verdoppelt?

Hinweis: *Verdopple die Anfangszahl 16 (= 32) und sieh in deiner Zahlenreihe aus Aufgabe a nach, wann diese Zahl erreicht wurde: nach 4 Tagen.*

Nach 4 Tagen hatte sie ihre Anfangszahl bereits verdoppelt.

c) Wie viele Durchschläge schafft Lisa seither?

Hinweis: *In Aufgabe a hast du ermittelt, wie viele Durchschläge Lisa nach einer Woche schaffte. Nun musst du deine Zahlenreihe noch um eine weitere Woche, also um 7 Tage (beziehungsweise Zahlen) ergänzen. An der letzten Zahl kannst du dann ablesen, wie viele Durchschläge Lisa seither schafft, nämlich 72.*

Seither schafft Lisa 72 Durchschläge.

d) Für die Teilnahme am Seilwettkampf muss sie mindestens 90 Durchschläge schaffen. Wie viele Tage hätte Lisa sich noch verbessern müssen, um teilnehmen zu können?

Hinweis: *Führe deine Zahlenreihe weiter, bis du die 90 erreichst. Die Anzahl der Zahlen, die du ergänzt hast, ist die Anzahl der Tage, die hier gesucht ist.*

Lisa hätte sich noch weitere 5 Tage verbessern müssen.

1. Welche Figuren haben gleich große Flächen?
Kreuze an.

Hinweis: *Zähle die Kästchen innerhalb der Figuren. Ist die Anzahl gleich, so sind auch die Flächen der Figuren gleich groß.*

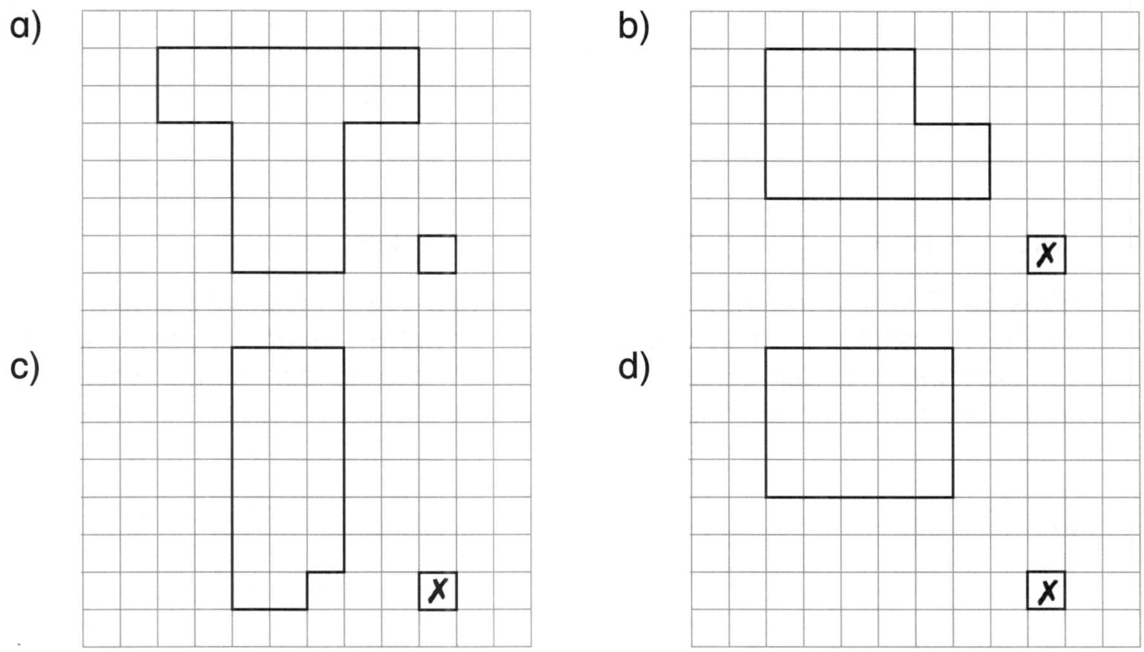

Erklärung: **Alle Figuren, die eine gleiche Anzahl von Kästchen haben, haben gleich große Flächen.**

2. Sortiere die Figuren aus Aufgabe 1 nach der Größe ihres Umfangs.
Nenne die Figur mit dem größten Umfang zuerst.

Hinweis: *Der Umfang bezeichnet die Länge einer Figur, wenn man alle Seiten nebeneinanderlegen würde. Zähle also die Kästchen, die die Figur umgeben.*

Figur a (26 Kästchen) > Figur b und Figur c (20 Kästchen) > Figur d (18 Kästchen)

3. Zeichne eine Figur, die anders aussieht, aber den gleichen Flächeninhalt hat wie die Figur in Aufgabe 1 b.

Hinweis: *Zähle einfach 20 Kästchen ab und zeichne einen Rahmen darum.*

Lösungsvorschlag:

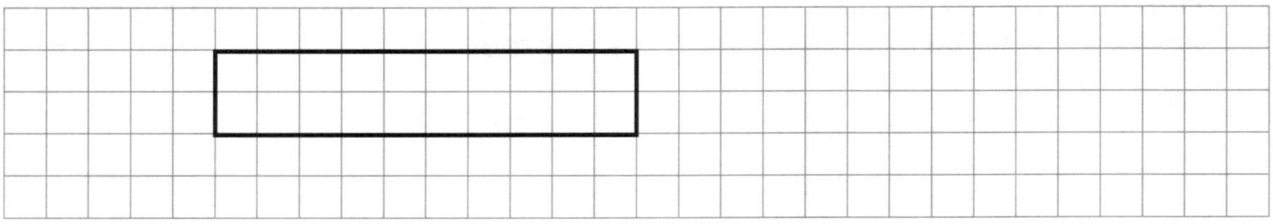

4. Zeichne in die Figuren alle Symmetrieachsen ein.

Hinweis: *Eine Symmetrieachse teilt eine Figur in zwei gleiche Hälften. Wenn du die Figur ausschneiden und an der Symmetrieachse falten würdest, dann würden sich beide Hälften genau überdecken. Solche Achsen können waagrecht, senkrecht oder diagonal in einer Figur liegen.*

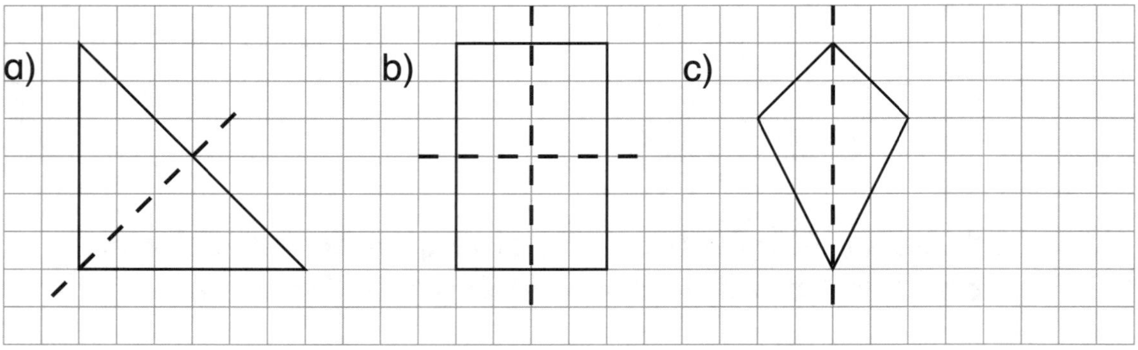

5. Zeichne in die Figuren aus Aufgabe 4 alle rechten Winkel ein. Benutze das Winkelzeichen ⦜.

Hinweis: *Bei einem rechten Winkel treffen sich eine waagrechte und eine senkrechte Linie. Betrachte die Figuren genau oder lege ein Geodreieck an.*

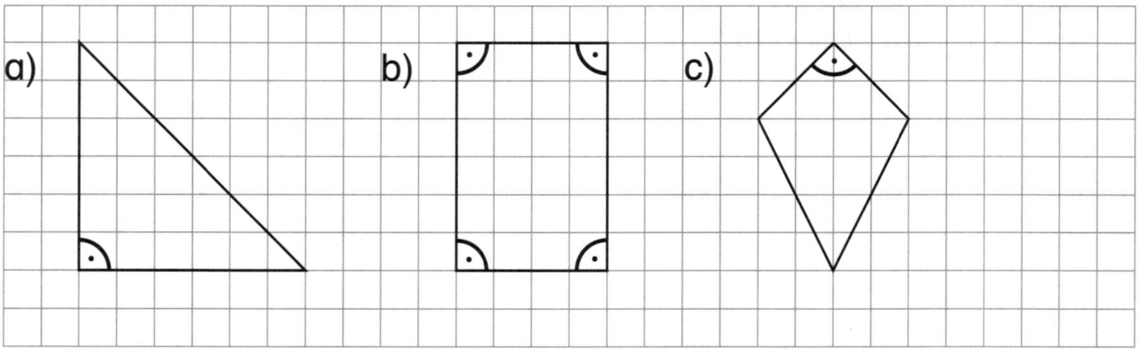

6. Zeichne diese geometrischen Figuren halb so groß.

Hinweis: *Halbiere die Zahl der Kästchen. Bei schrägen Seiten ist es hilfreich, eine Hilfslinie senkrecht von der Spitze nach unten einzuzeichnen.*

a)

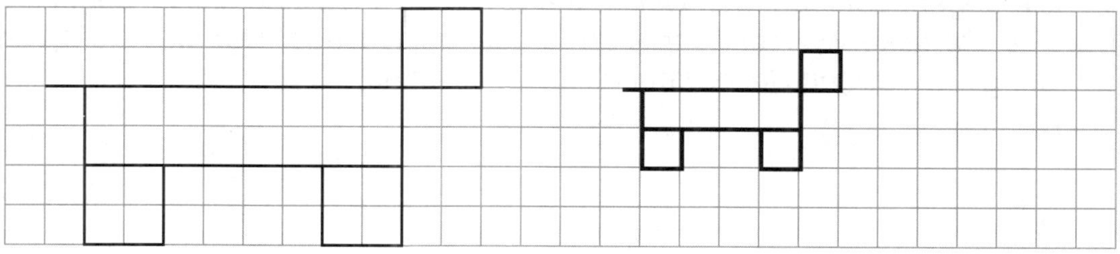

b)

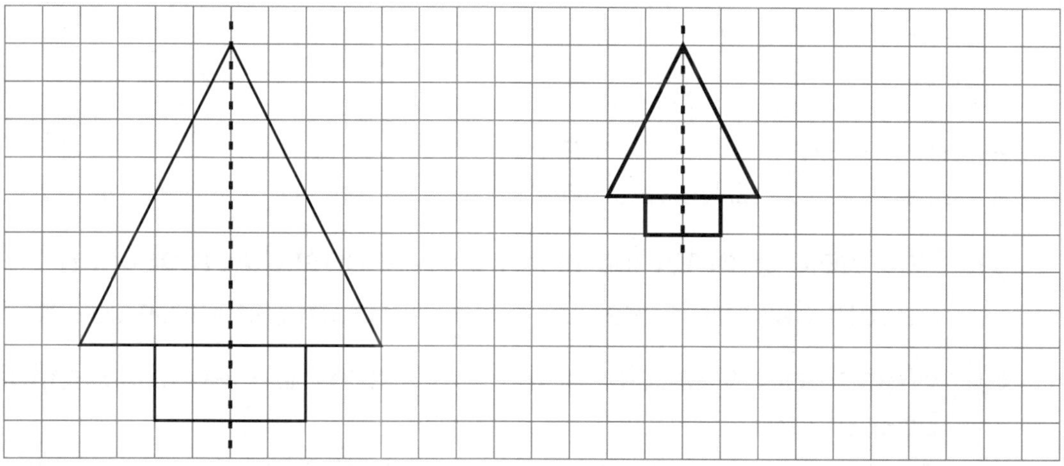

7. Zeichne um den Punkt M einen Kreis mit einem Radius von 34 mm. Zeichne den Radius blau und den Durchmesser grün ein und schreibe ihre Länge auf.

Hinweis: *Der Durchmesser geht durch den gesamten Kreis hindurch. Der Durchmesser ist immer doppelt so lang wie der Radius.*

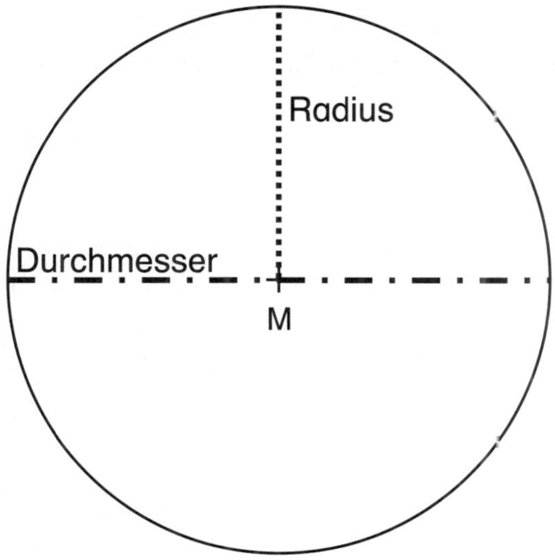

Radius:
34 mm

Durchmesser:
68 mm

8. Schau dir die Abbildung genau an.

Hinweis: *Wenn du genau hinschaust, kannst du auch in größeren Figuren Teilfiguren erkennen.*
Die gegenüberliegenden Seiten eines Rechteckes sind gleich lang. Rechtecke sind Vierecke. Es gibt aber auch Vierecke, die weder Quadrate (ein Viereck mit vier gleich langen Seiten) noch Rechtecke sind.

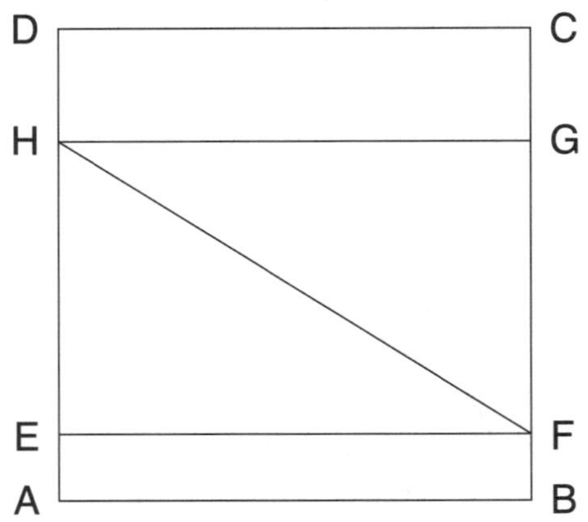

a) Wie viele geometrische Figuren kannst du entdecken?
Anzahl der Dreiecke: **2** Anzahl der Vierecke: **8**

b) Welche der Vierecke sind Rechtecke? Benenne sie mithilfe der Eckpunkte.
Rechtecke: **ABCD, ABGH, ABFE, EFCD, EFGH, HGCD**

c) Male die Vierecke, die keine Rechtecke oder Quadrate sind, verschiedenfarbig aus.
Auszumalen sind: ABFH und HFCD.

9. a) Zeichne jeweils einen Bauplan zu den Würfelbauten.

Hinweis: *Zeichne zuerst die Grundfläche des Würfelgebäudes auf. Schreibe dann in jedes Kästchen die Anzahl der Würfel, die an dieser Stelle übereinanderliegen.*

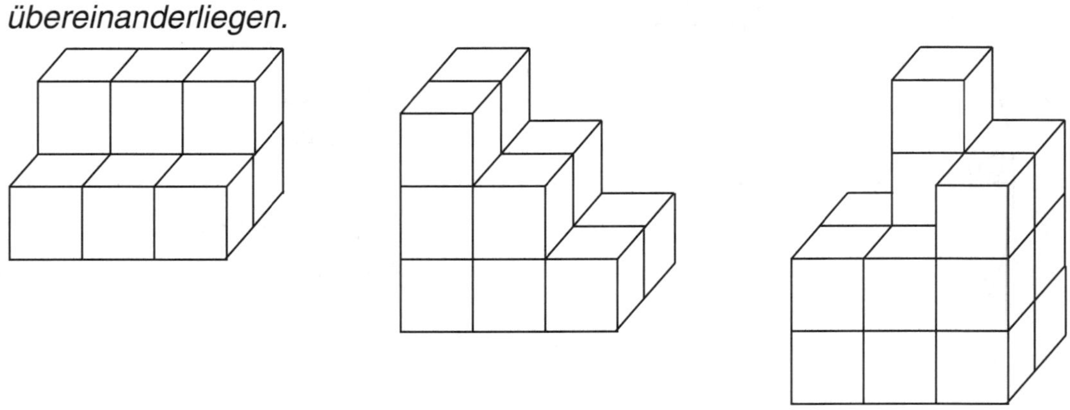

2	**2**	**2**
1	**1**	**1**

3	**2**	**1**
3	**2**	**1**

2	**4**	**3**
2	**2**	**3**

b) Gib an, wie viele kleine Würfel du noch brauchen würdest, um die Bauten zu einem kleinstmöglichen Quader zu ergänzen.

Hinweis: *Sieh dir die Baupläne der Bauten genau an. Um einen Quader zu bilden, müssen in jeder Reihe gleich viele Würfel sein.*

Fehlende Würfel für einen Quader:

3 Würfel **6** Würfel **8** Würfel

c) Wie viele kleine Würfel fehlen dir zum nächstmöglichen großen Würfel?

Hinweis: *Ein Würfel ist genauso hoch wie breit. Der höchstliegende kleine Würfel des Bauwerkes bestimmt also, wie hoch und breit der gesamte Würfel werden muss. Ist der höchste Punkt 4 Würfel hoch (wie bei Bau 3) brauchst du 16 Würfel für jede der 4 Reihen, also insgesamt 64 Würfel. 16 Würfel hast du schon, also rechnest du 64 – 16 = 48 Würfel.*

Es fehlen noch:

18 Würfel **15** Würfel **48** Würfel

10. Welche Netze kannst du zu einem Würfel falten? Kreuze an.

Hinweis: *Beim Üben zu Hause kannst du dir die abgebildeten Würfelnetze aufzeichnen, ausschneiden und probieren, ob sie sich zu Würfeln falten lassen.*

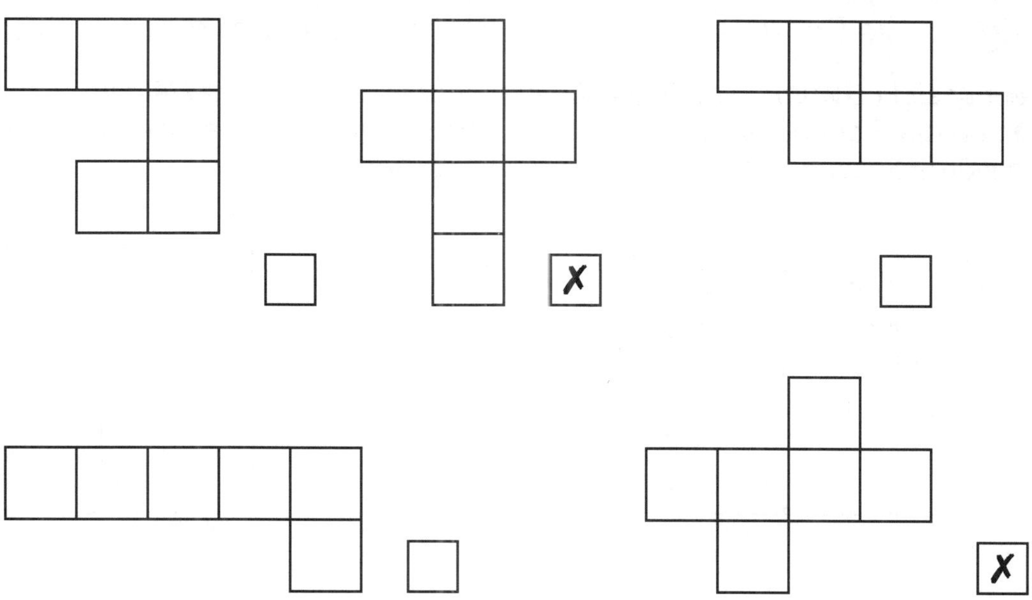

Raum und Form: Test 2

1. Hier siehst du zwei Würfelgebäude. Bestimme die Anzahl der Würfel.

Hinweis: *Du musst daran denken, dass du manche Würfel nicht sehen kannst, weil sie von anderen Würfeln verdeckt werden.*
Im ersten Würfelgebäude liegen in der ersten Ebene $4 \cdot 2 = 8$ *Würfel, in der zweiten Ebene 5 Würfel und in der dritten Ebene 3 Würfel; insgesamt* $8 + 5 + 3 = 16$ *Würfel.*
Im zweiten Würfelgebäude liegen in der ersten Ebene $3 \cdot 3 = 9$ *Würfel, in der zweiten Ebene 6 Würfel und in der dritten Ebene 3 Würfel; insgesamt* $9 + 6 + 3 = 18$ *Würfel.*

a)

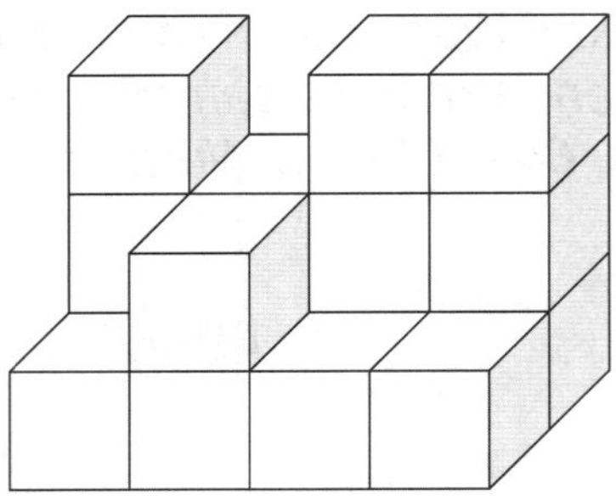

16 Würfel

b)

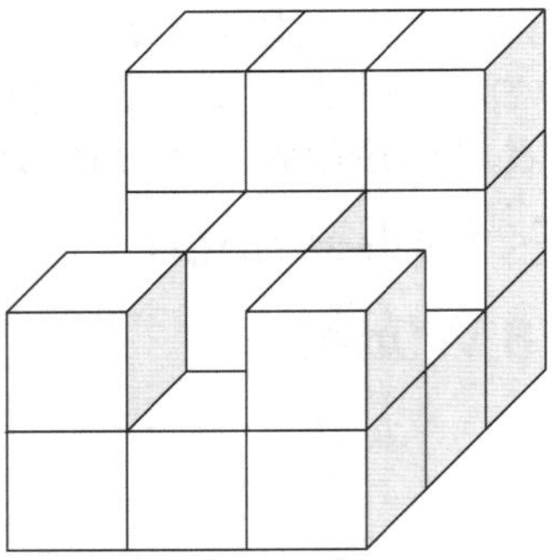

18 Würfel

2. Hier wurden beim Zeichnen der Spiegelfiguren Fehler gemacht. Korrigiere die Fehler in der rechten Hälfte mit einem grünen Stift.

Hinweis: *Eine Symmetrieachse teilt eine Figur in zwei gleiche Hälften. Wenn du die Figur ausschneiden und an der Symmetrieachse falten würdest, dann würden sich beide Hälften genau überdecken.*

a)

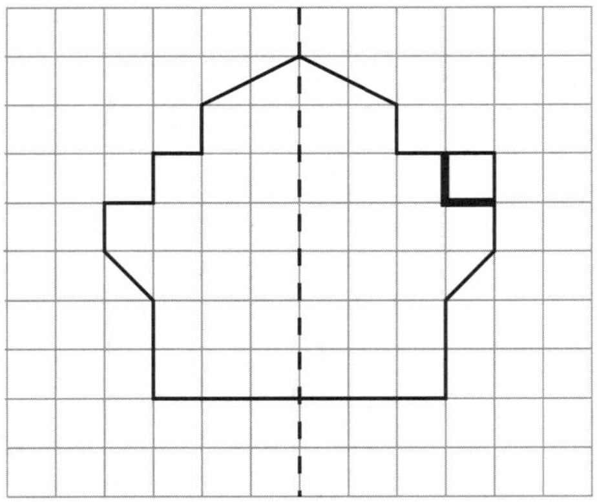

b)

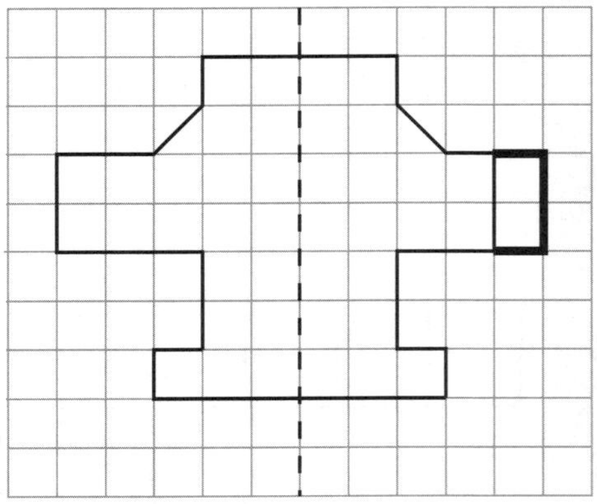

3. Hier siehst du zwei Geobretter.
Spiegele an der Symmetrieachse und zeichne die gespiegelte Figur auf das rechte Geobrett.

Hinweis: *Zeichne das Spiegelbild, indem du die Nägel (Punkte) von der Symmetrieachse ausgehend zählst und dann die Figur auf dem rechten Geobrett spiegelbildlich zeichnest.*

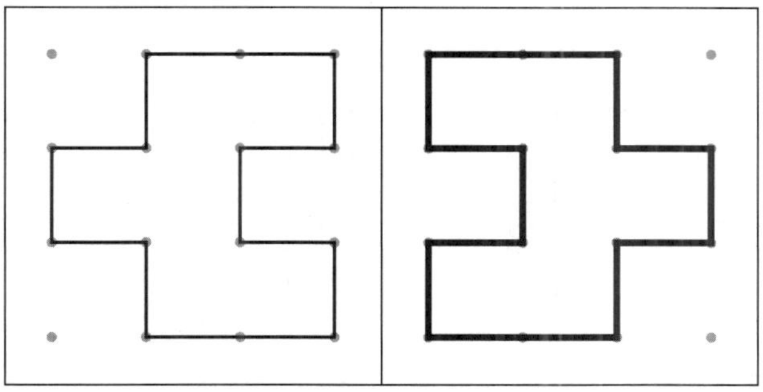

4. Wie viele Ecken, Kanten und Flächen haben die genannten Figuren? Trage ein.

Hinweis: *Bei dieser Aufgabe musst du die Merkmale der geometrischen Körper gut kennen. Du kannst dir aber zur Hilfe Zeichnungen der Körper auf einem Blatt Papier anfertigen und diese nochmals anschauen.*
Würfel: 8 Ecken, 12 Kanten, 6 gleich große quadratische Flächen.
Quader: 8 Ecken, 12 Kanten, 6 rechteckige Flächen.
Kugel: keine Ecken und Kanten und 1 gebogene Fläche.
Pyramide: 4 Ecken, 8 Kanten, 5 Flächen (und 1 Spitze).
Zylinder: keine Ecken, 2 Kanten, 1 rechteckige Fläche, 2 runde Flächen.

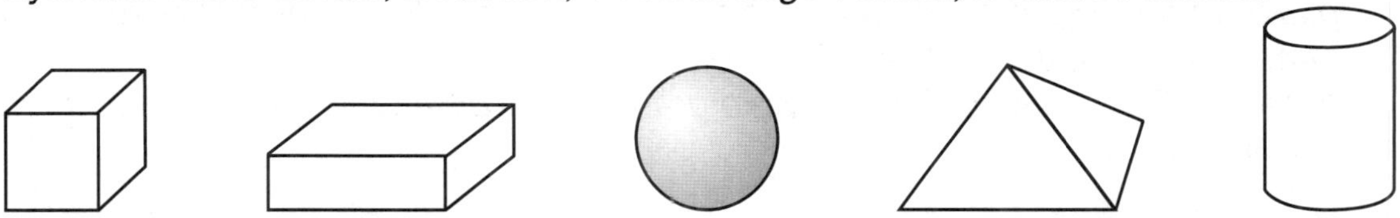

Würfel Quader Kugel Pyramide Zylinder

	Ecken	Kanten	Flächen
Würfel	**8**	**12**	**6**
Quader	**8**	**12**	**6**
Kugel	**0**	**0**	**1**
Pyramide	**4**	**8**	**5**
Zylinder	**0**	**2**	**3**

5. Zeichne bei den abgebildeten Netzen die sechste Fläche so ein, dass ein richtiges Würfelnetz entsteht.

Hinweis: Beim Üben zu Hause kannst du dir aus Papier die Würfelnetze ausschneiden und ausprobieren, ob sie sich zu Würfeln falten lassen. In der Schule musst du dir genau vorstellen, wie die Seiten gefaltet würden, wenn du daraus einen Würfel bauen würdest.

a) *Lösungsvorschläge:*

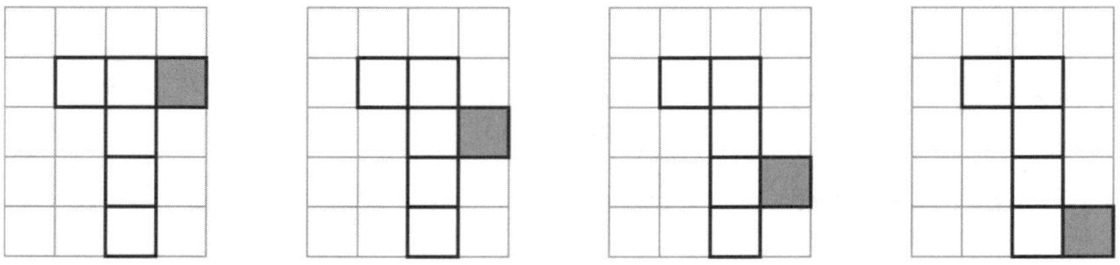

b) *Lösungsvorschläge:*

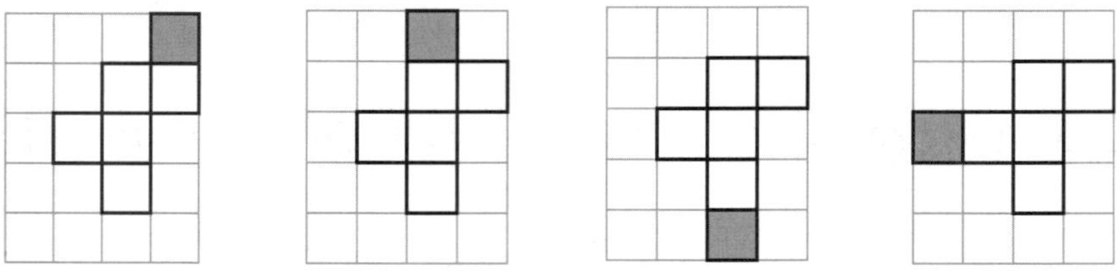

6. Kreuze die Rechtecke an, in denen die grauen Flächen genauso groß sind wie die weißen Flächen.

Hinweis: Du musst bei diesen Aufgaben in jedem Rechteck zuerst die grauen und weißen Quadrate zählen und anschließend die Anzahl miteinander vergleichen. In Aufgabe c musst du die Dreiecke als halbe Quadrate erkennen und immer zwei Dreiecke als ein Quadrat zählen.
In jedem Rechteck sind gleich viele graue und weiße Quadrate, du musst also alle ankreuzen.

a) 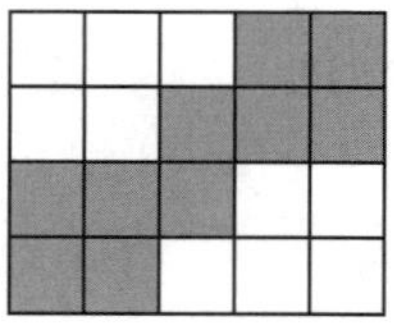 ☒

b) 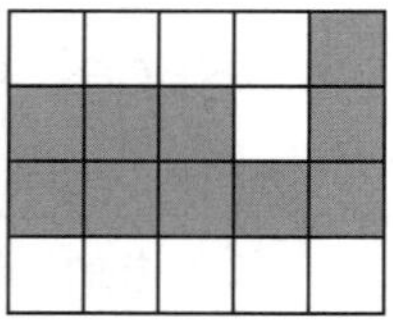 ☒

c) 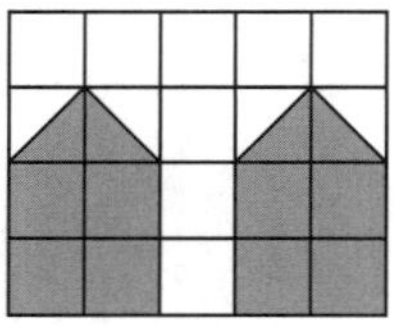 ☒

7. Berechne den Umfang dieser Figur:
Seite a: 6 Kästchen, Seite b: 4 Kästchen, Seite c: 8 Kästchen,
Seite d: 8 Kästchen, Seite e: 14 Kästchen, Seite f: 4 Kästchen

Hinweis: Der Umfang bezeichnet die Länge einer Figur, wenn man alle Seiten nebeneinanderlegen würde. Addiere also einfach die Zahl der Kästchen.

Antwort: **Der Umfang der Figur beträgt 44 Kästchen.**

8. Zeichne den Bauplan zu diesem Würfelgebäude.

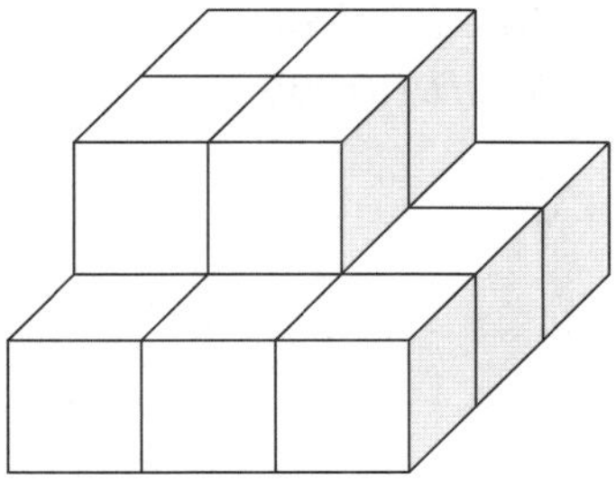

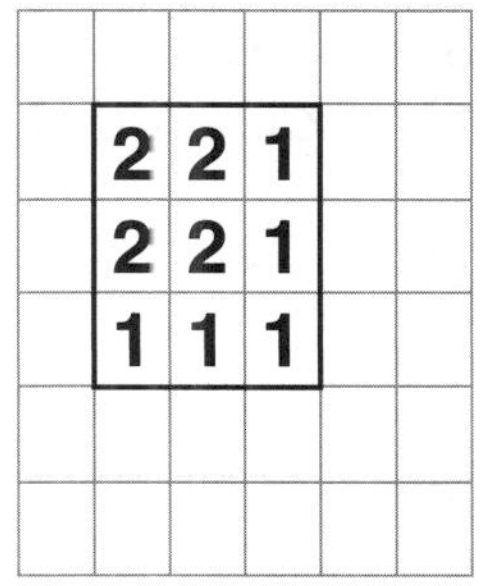

9. Laura hat 20 Würfel. Welches Würfelgebäude kann sie nachbauen? Kreuze an.

Hinweis: *Überlege dir, wie viele Würfel in jeder Ebene liegen. Denke daran, dass du manche Würfel nicht sehen kannst, weil sie von anderen Würfeln verdeckt werden!*

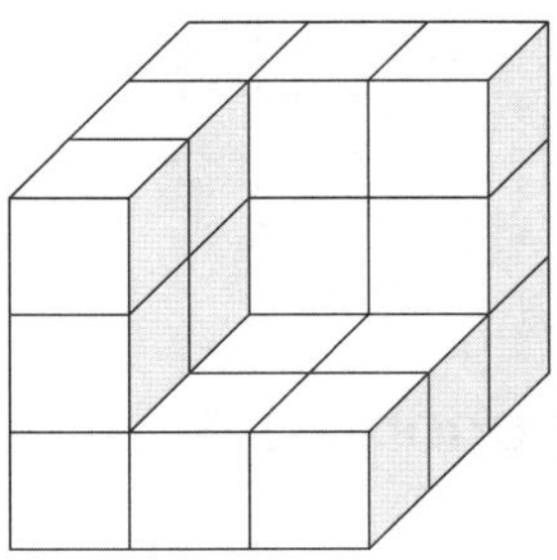

☒

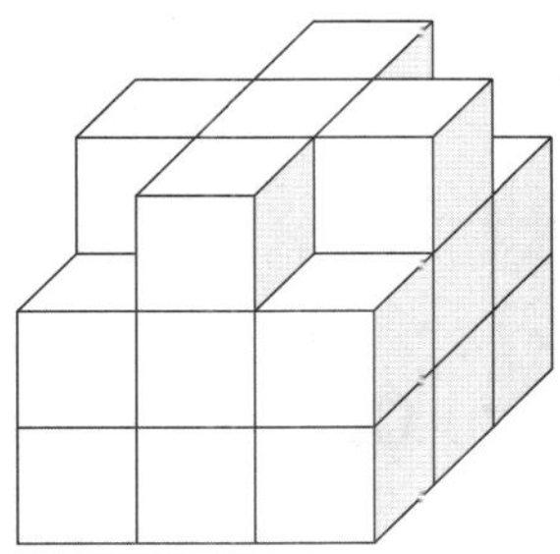

☐

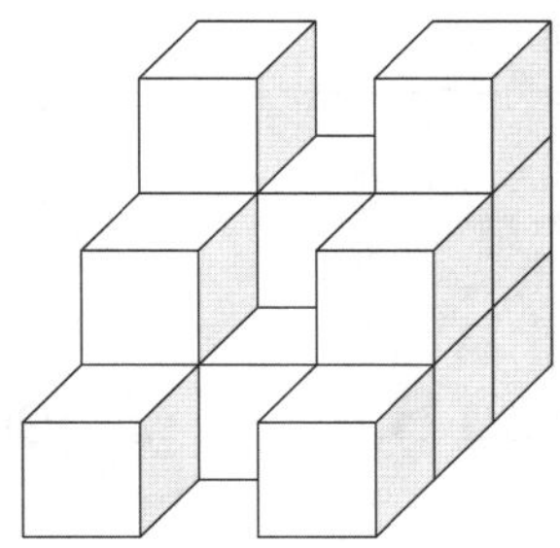

☒

10. Zerlege die Rechtecke mit jeweils einer Geraden so, dass die vorgegebenen Figuren entstehen.

Beispiel:

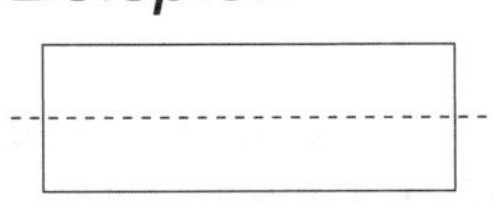

2 Rechtecke

Hinweis: *Überlege dir vor dem Zeichnen, wie die gesuchten Figuren aussehen können, und probiere auf einem Nebenblatt, wie du sie einzeichnen kannst.*

Lösungsvorschläge:

a)

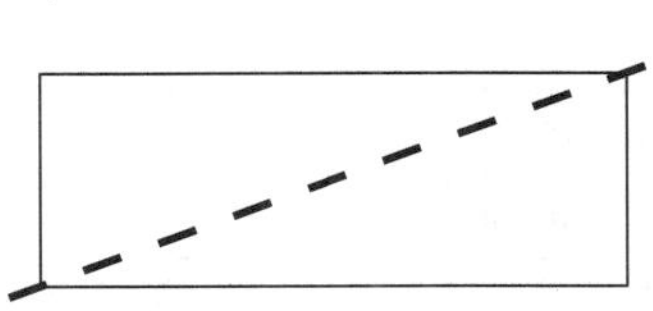

2 Dreiecke

b)

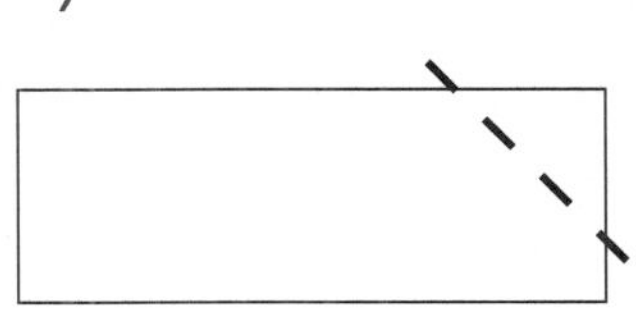

1 Dreieck und
1 Fünfeck

c)

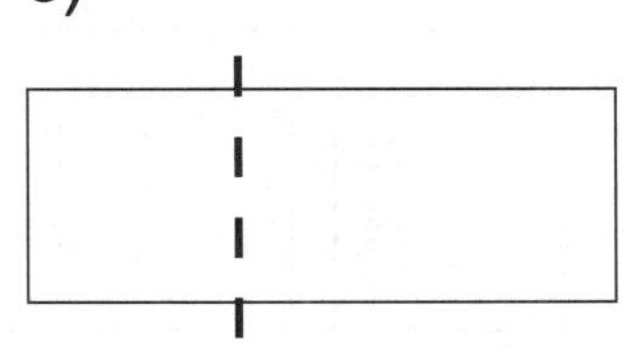

1 Rechteck und
1 Quadrat

11. Welcher Grundriss gehört zu welchem Bauwerk?

Hinweis: *Umfahre in Gedanken die Bauwerke mit einem Stift. Wie würde der Umriss aussehen? So erkennst du schnell den richtigen Grundriss.*

A

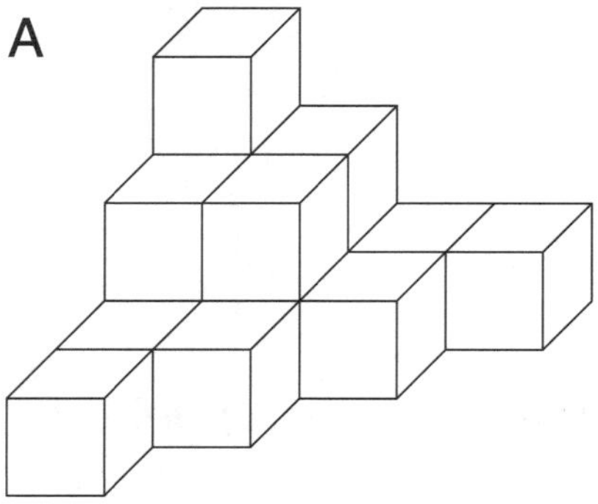

B

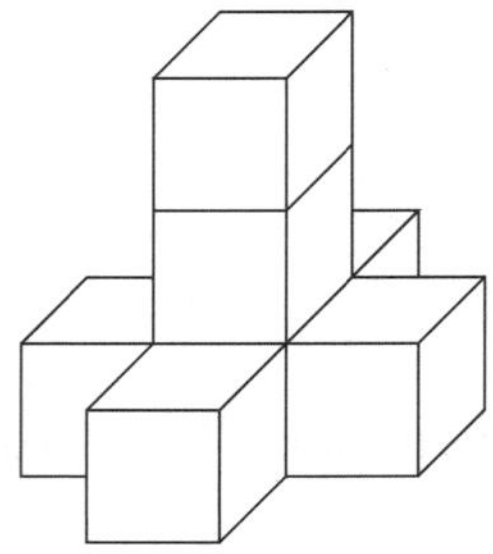

C

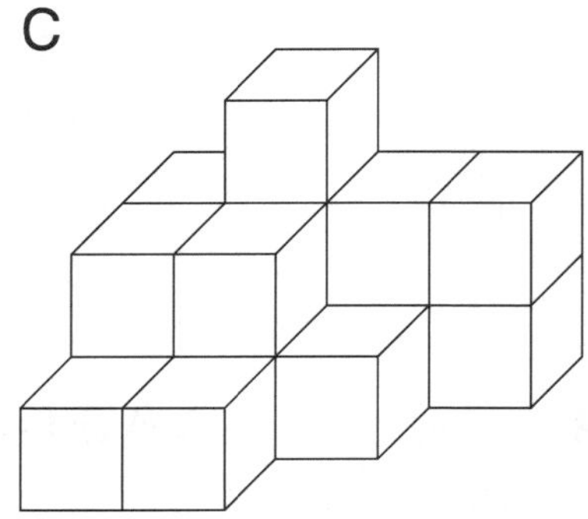

1

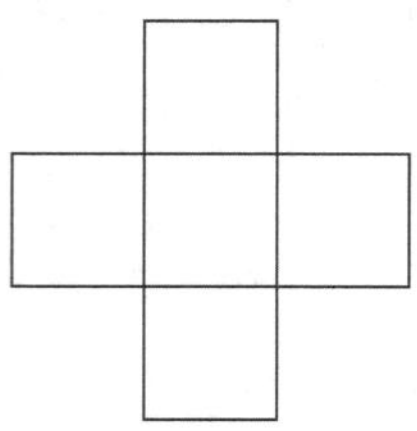

2

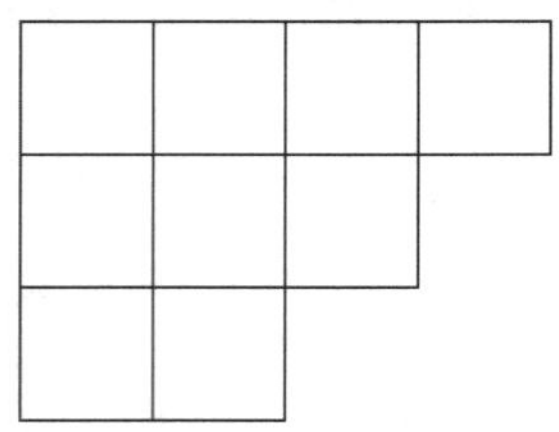

3

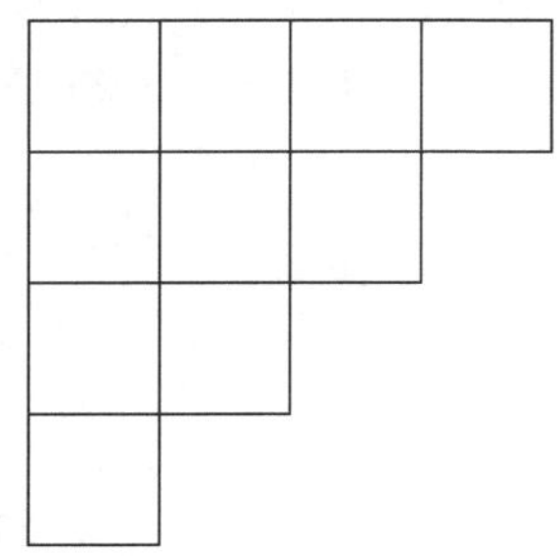

1 gehört zu **B**. **2** gehört zu **C**. **3** gehört zu **A**.

12. Du willst aus Papier und Hölzern einen Quader bauen. Folgende Materialien stehen dir zur Verfügung.

Was benötigst du?

Hinweis: *Ein Quader hat 6 rechteckige Flächen und 12 Kanten:*

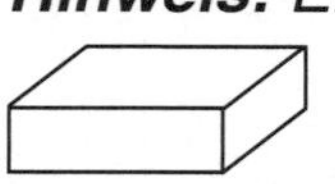

Du brauchst also 6 rechteckige Stück Papier und 12 Hölzer. Du hast 8 kurze Hölzer und 6 lange Hölzer zur Auswahl. Umlege 2 kleine Stück Papier komplett mit Kanten aus 8 kleinen Hölzern (die 6 langen Hölzer würden nicht reichen). Dann brauchst du noch 4 große Stück Papier für die übrigen Flächen und 4 lange Hölzer für die übrigen Kanten.

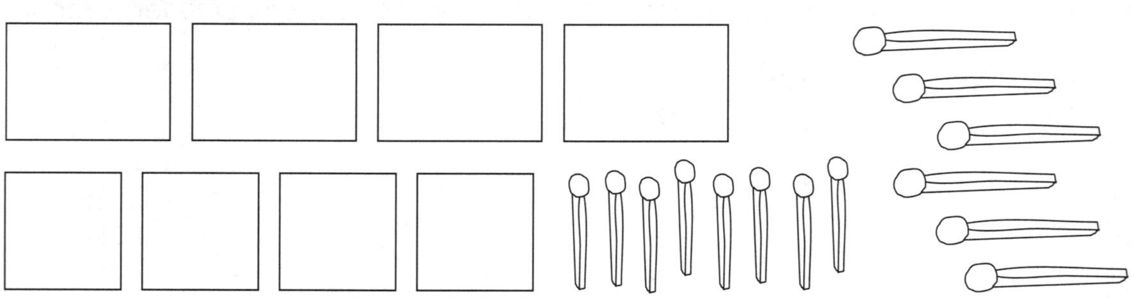

Antwort: **Ich benötige 8 kurze Hölzer, 4 lange Hölzer, 2 kleine Stück Papier und 4 große Stück Papier.**

13. Zeichne einen Kreis mit einem Durchmesser von 4,8 cm um den Mittelpunkt P.
Zeichne zwei zueinander senkrechte Durchmesser ein.
Vergleiche die entstandenen Teile deines Kreises miteinander und schreibe auf, was du feststellst.

Hinweis: *Überlege, wie viele Zentimeter du in die Zirkelspanne nehmen musst. Wenn der Durchmesser 4,8 cm ist, dann muss der Radius halb so groß, also 2,4 cm sein.*
„Senkrecht" heißt, dass die Durchmesser zueinander immer einen 90-Grad-Winkel (rechten Winkel) bilden müssen. Prüfe mit dem Geodreieck genau nach!
Es müssen 4 Teile entstehen, wenn du 2 Durchmesser einzeichnest. Hast du genau gezeichnet, fällt dir sicher auf, dass diese Teile alle gleich groß sind.

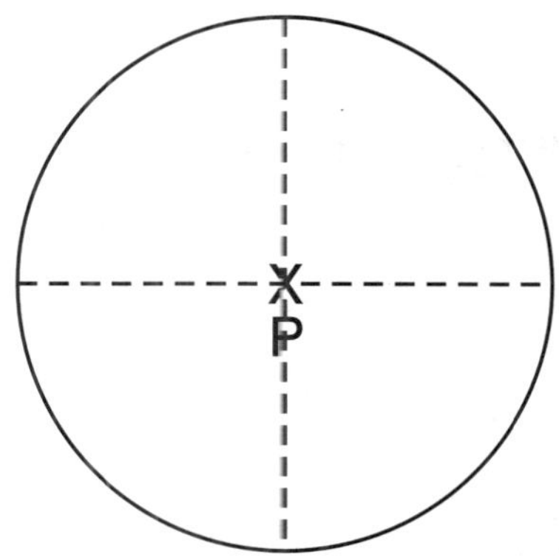

Feststellung: **Alle 4 Teile des Kreises sind gleich groß.**
In der Mitte ergibt sich ein Kreuz mit 4 rechten Winkeln.

Raum und Form: Test 3

1. Leo stellt aus einem 1,28 m langen Draht das Kantenmodell eines Würfels her. Er schneidet den Draht in gleich lange Stücke und lötet diese an den Ecken zusammen. Es bleiben 8 cm Draht übrig.

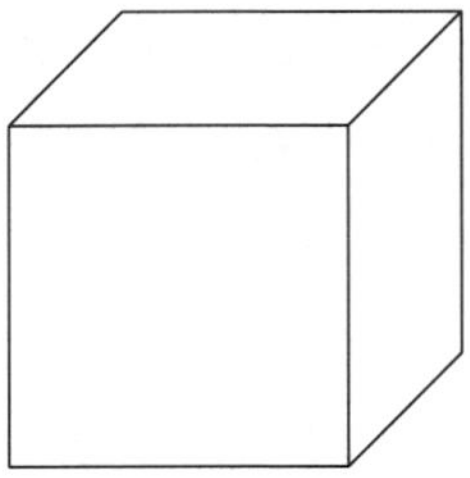

Wie lang ist eine Kante des Würfels?

Hinweis: *Ein Würfel hat 12 Kanten, die alle gleich lang sind.*
Rechnung: 1,28 m = 128 cm; 128 cm : 12 = 10 cm Rest 8 cm

Antwort: Jede Kante ist **10 cm lang**.

2. Schau dir die Abbildung genau an.

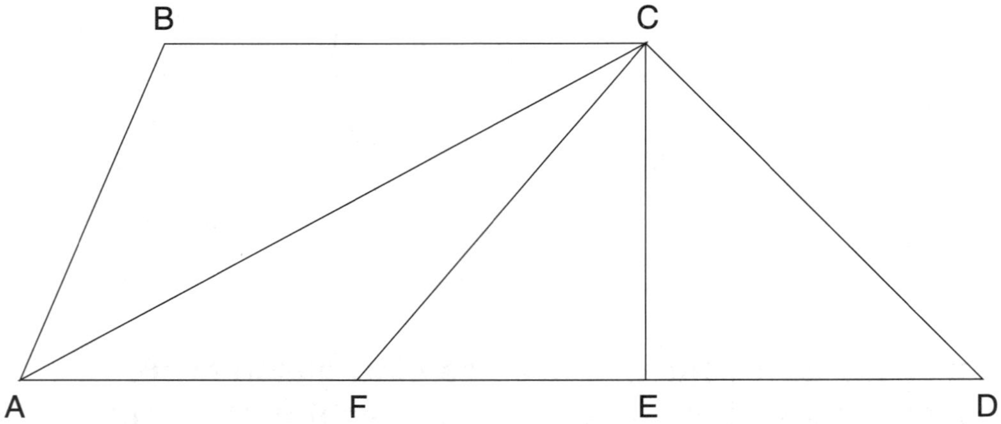

a) Wie viele Dreiecke gibt es in der Abbildung? Gib die Dreiecke mit den Eckpunkten an.

Hinweis: *Wenn du genau hinschaust, kannst du in den größeren Figuren Teilfiguren erkennen. Dreiecke haben drei Eckpunkte, Vierecke vier Eckpunkte.*

Antwort: Es gibt **7 Dreiecke**.

Die Dreiecke heißen ABC, **ACF, ACE, ACD, FCE, FCD, ECD**.

b) Wie viele Vierecke gibt es in der Abbildung? Gib die Vierecke mit den Eckpunkten an.

Antwort: Es gibt **3 Vierecke**.

Die Vierecke heißen ABCF, **ABCE, ABCD**.

3. a) Ergänze die Figuren zu achsensymmetrischen Figuren.

Hinweis: *Ergänze die Figuren, indem du die Kästchen von der Symmetrieachse ausgehend zählst und dann spiegelbildlich zeichnest.*

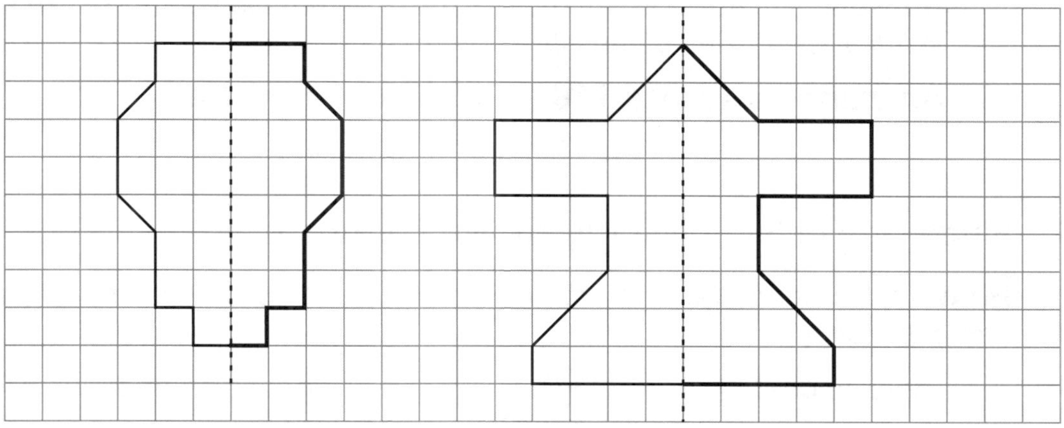

b) Wie groß ist der Flächeninhalt der beiden Gesamtfiguren?

Hinweis: *Zähle die Kästchen innerhalb der Gesamtfiguren.*

Antwort: Die Fläche der Figur A ist **36** Kästchen groß und die der Figur B ist **52** Kästchen groß.

4. Lars hat dieses Würfelgebäude gebaut.

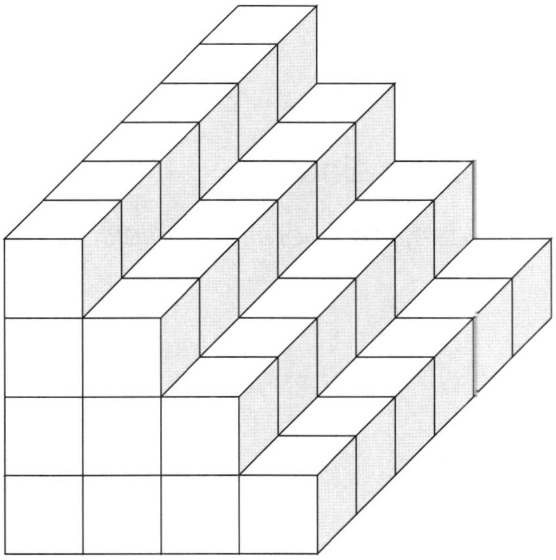

a) Bestimme die Anzahl der Würfel.

Hinweis: *Du musst daran denken, dass du manche Würfel nicht sehen kannst, weil sie von den anderen verdeckt werden. In der ersten Ebene liegen $4 \cdot 6 = 24$ Würfel, in der zweiten Ebene $3 \cdot 6 = 18$ Würfel, in der dritten Ebene $2 \cdot 6 = 12$ Würfel und in der vierten Ebene 6 Würfel; insgesamt also $24 + 18 + 12 + 6 = 60$ Würfel.*

Antwort: Es sind **60 Würfel**.

b) Lars möchte sein Würfelgebäude ringsherum (auch an der Unterseite) grün anmalen. Wie viele Würfelflächen muss er dazu grün färben?

Hinweis: *Du musst daran denken, dass du nur die von außen zu sehenden Würfelflächen zählen musst.*

Antwort: Lars muss **116 Würfelflächen färben**.

5. Finde die Fehler und korrigiere die Zeichnungen.

Hinweis: *Zähle die Kästchen der Originalfigur und halbiere beziehungsweise verdopple sie.*

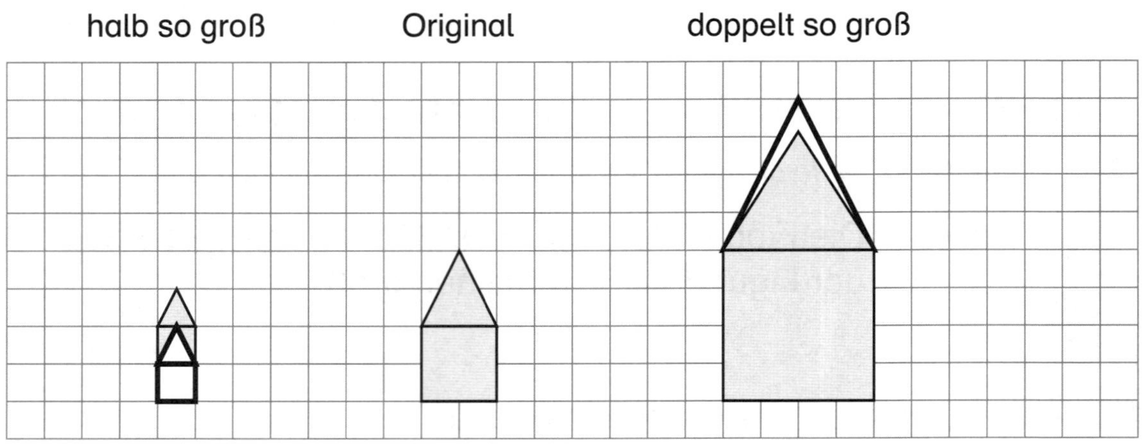

6. Zeichne drei Geraden, die

a) parallel zu der vorgegebenen Geraden sind.

Hinweis: *Parallel zueinander sind Geraden, die überall den gleichen Abstand voneinander haben.*

Lösungsvorschlag:

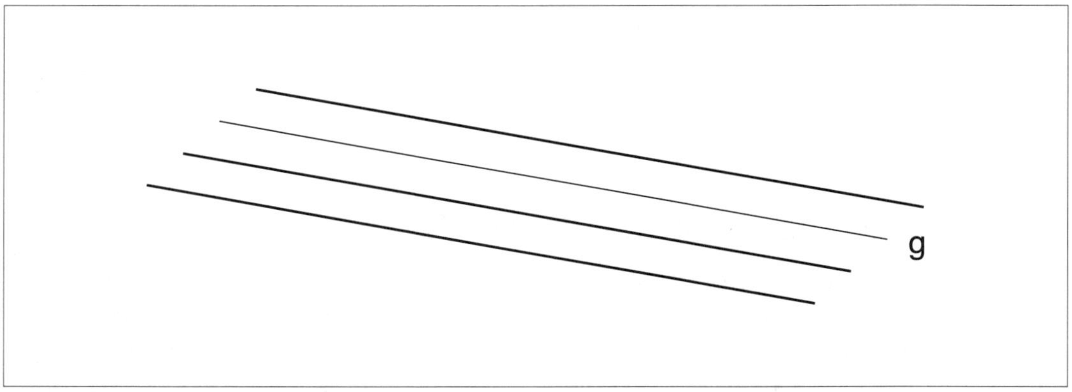

b) senkrecht zu der vorgegebenen Geraden sind.

Hinweis: *Senkrecht zueinander sind Geraden, die sich in einem rechten Winkel schneiden.*

Lösungsvorschlag:

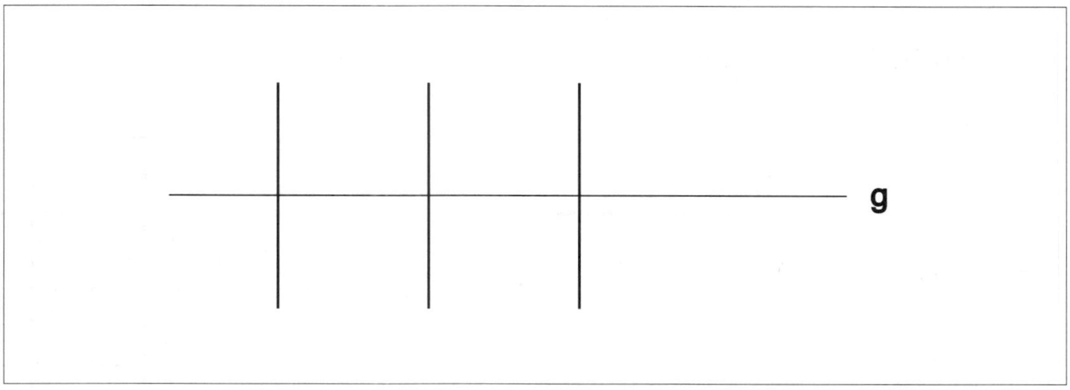

c) sich so schneiden, dass zwei Schnittpunkte entstehen.

Hinweis: *Zeichne zwei Geraden in einem beliebigen Abstand und eine dritte Gerade, die diese beiden Geraden schneidet.*

Lösungsvorschlag:

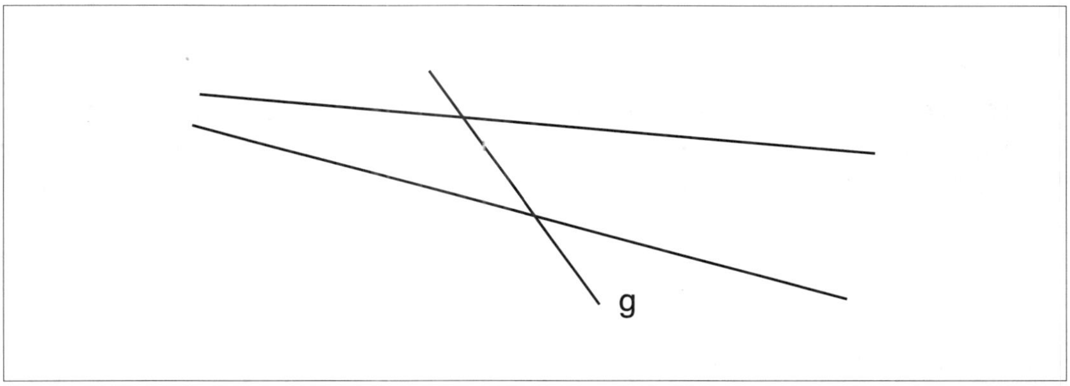

7. Trage in die Tabelle ein.

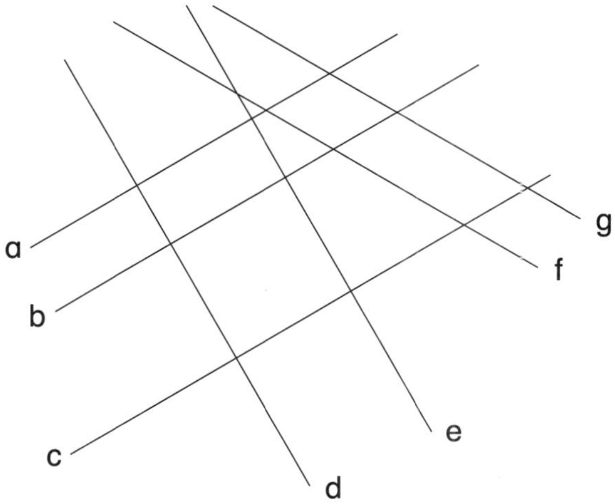

Parallel zueinander	Senkrecht zueinander
a und b	b und d
a und c	**a und d**
b und c	**a und e**
g und f	**b und e**
d und e	**c und d**
	c und e

8. Zeichne die fehlenden Rechtecke so ein, dass ein Quadernetz entsteht.

Hinweis: *Ein Quadernetz besteht aus sechs Rechtecken. Du kannst dir die Quadernetze aus Papier ausschneiden und ausprobieren, ob sie sich zu Quadern falten lassen.*

Lösungsvorschläge:

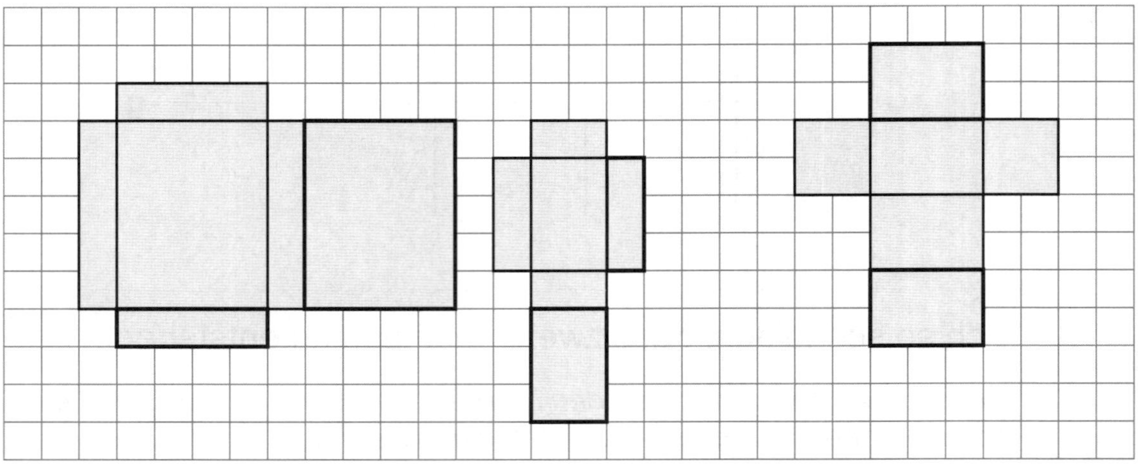

9. Ergänze zu einem Pyramidennetz.

Hinweis: *Ein Pyramidennetz besteht aus einem Quadrat und vier Dreiecken. Du kannst dir das Pyramidennetz aus Papier ausschneiden und ausprobieren, ob es sich zu einer Pyramide falten lässt.*

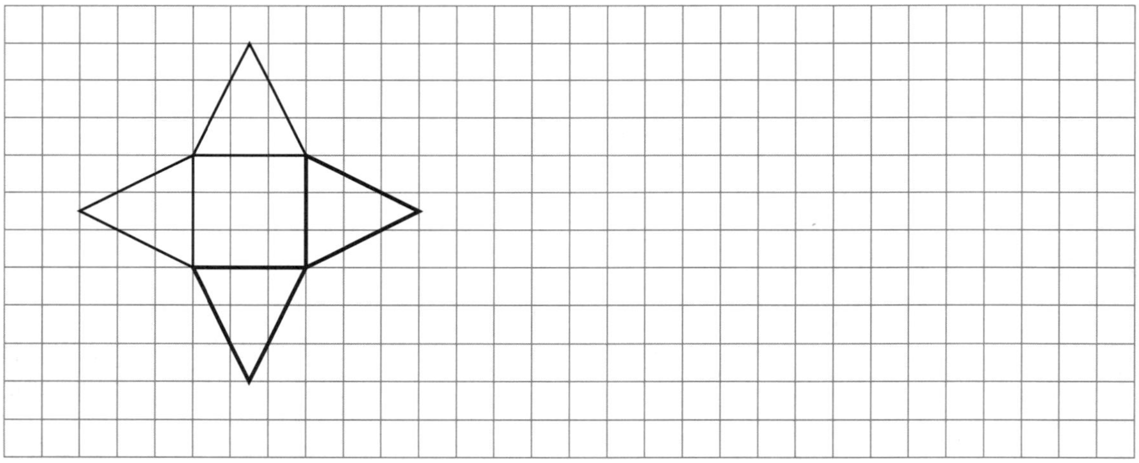

10. Zeichne drei verschiedene Kinderzimmer, die je 28 Kästchen groß sind.

Hinweis: *Deine Figuren müssen alle 28 Kästchen groß sein, die Form deiner Figuren soll jedoch unterschiedlich sein.*

Lösungsvorschläge:

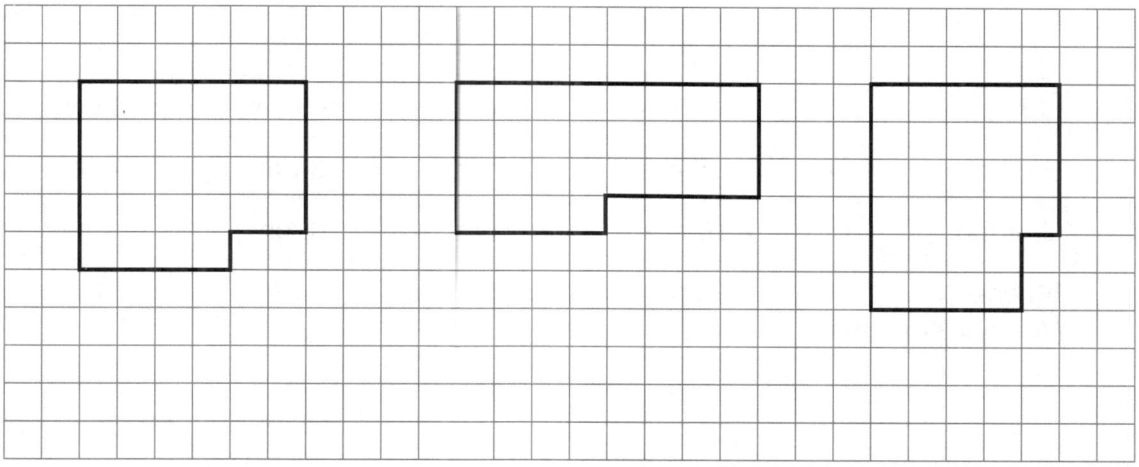

11. Berechne den Umfang der drei Grundstücke.

Hinweis: *Der Umfang einer Figur wird berechnet, indem die Längen der Seiten addiert werden.*

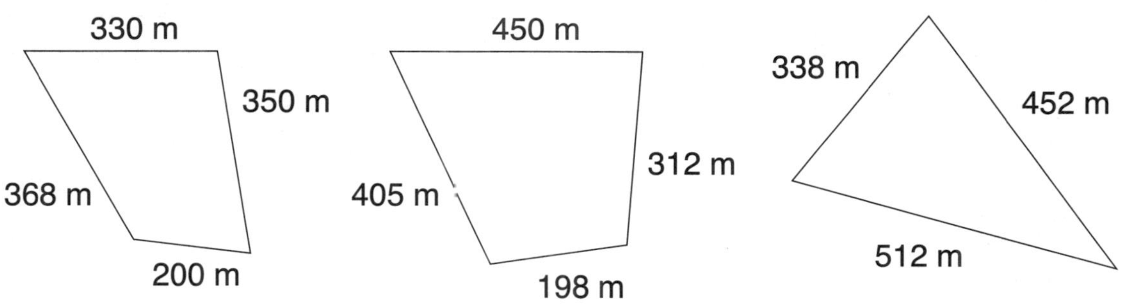

Grundstück A: **1 248 m**

Grundstück B: **1 365 m**

Grundstück C: **1 302 m**

12. Zeichne die Rechtecke und bestimme die fehlenden Angaben.

Hinweis: *Die gegenüberliegenden Seiten eines Rechteckes sind parallel und gleich lang, benachbarte Seiten stehen senkrecht zueinander. Die fehlenden Angaben berechnest du so:*
Umfang: Länge + Breite + Länge + Breite.
Fläche: Zähle die Kästchen in deinen gezeichneten Rechtecken.

	A	B	C	D
Länge	3 cm	**2 cm**	3,5 cm	**3 cm**
Breite	4,5 cm	2,5 cm	**3 cm**	**4 cm**
Umfang	**15 cm**	9 cm	13 cm	14 cm
Fläche (Anzahl Kästchen)	**54**	**20**	**42**	48

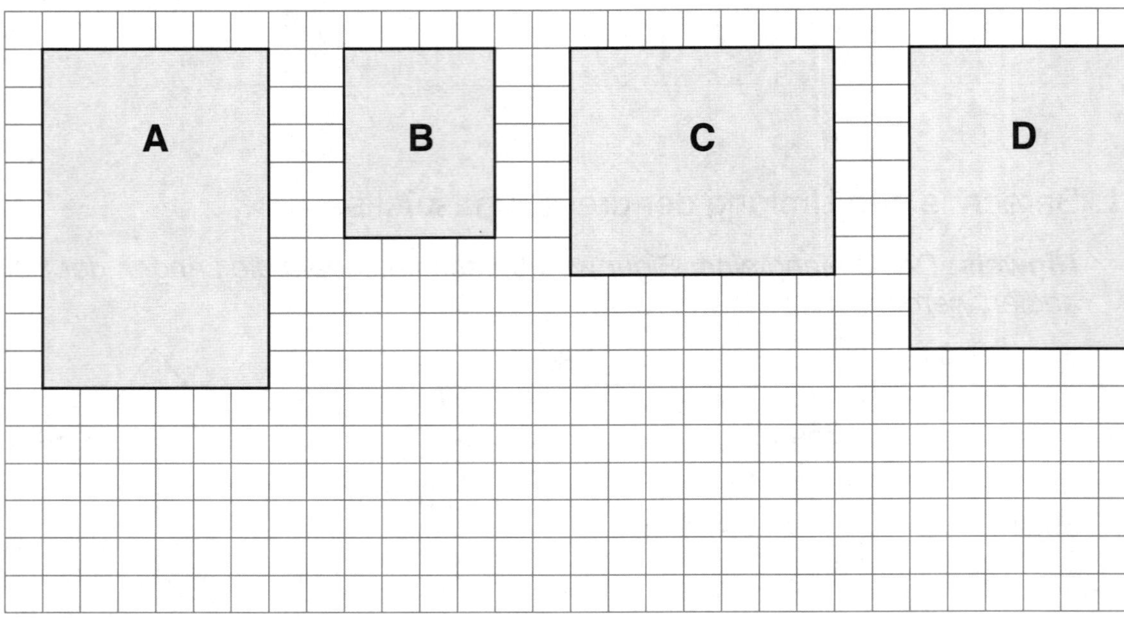

13. Zeichne einen Kreis mit dem Durchmesser 3,5 cm und ein Rechteck mit den Seiten a: 5,5 cm und b: 3,8 cm, die

Hinweis: *Der Durchmesser geht durch den Kreis hindurch, der Radius, den du in die Zirkelspanne nehmen musst, ist halb so groß.*
Zeichne die Rechtecke mit dem Geodreieck, um den rechten Winkel und die Seiten genau zeichnen zu können.

a) einen Punkt gemeinsam haben.

Lösungsvorschlag:

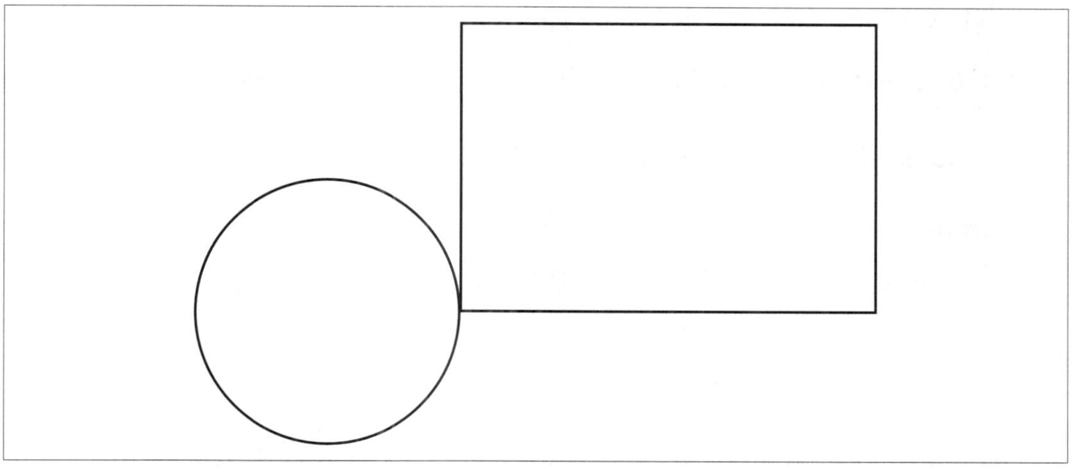

b) zwei Punkte gemeinsam haben.

Lösungsvorschlag:

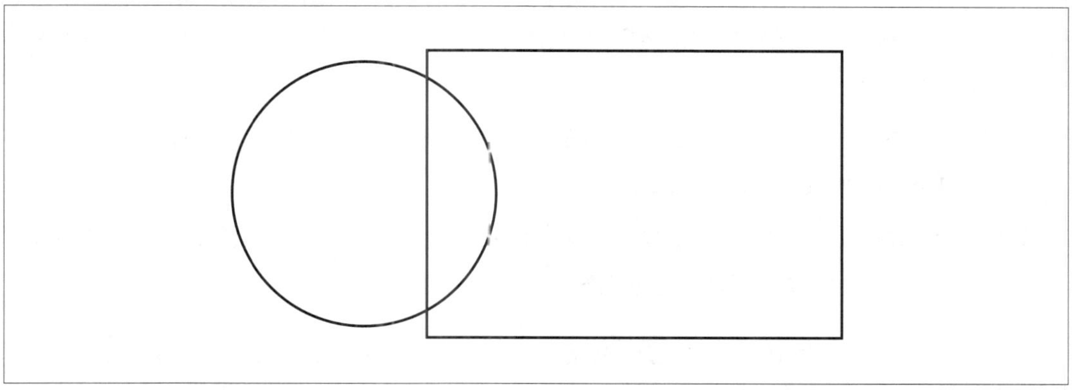

c) drei Punkte gemeinsam haben.

Lösungsvorschlag:

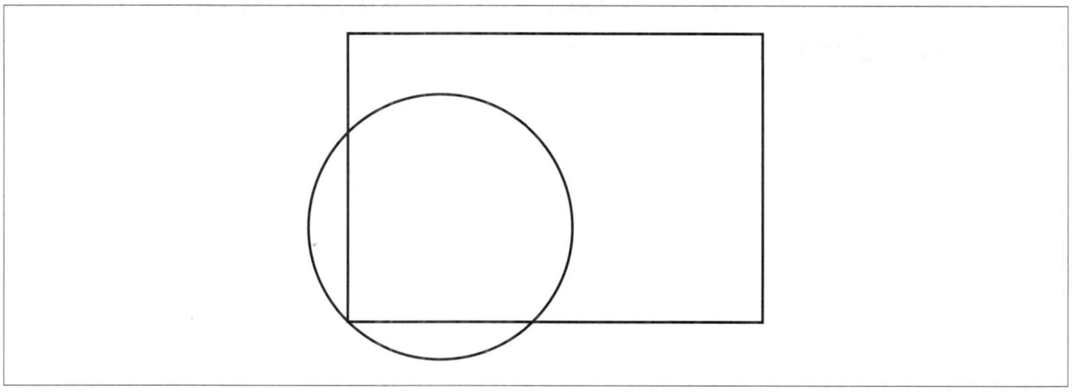

1. In den folgenden Tabellen siehst du die Schülerzahlen von zwei Grundschulen.

Schüler der Waldschule

Schuljahr	1	2	3	4
Jungen	156	121	**89**	86
Mädchen	123	**127**	107	102
Gesamtzahl	**279**	248	196	**188**

Schüler der Comenius-Schule

Schuljahr	1	2	3	4
Jungen	**67**	87	**93**	73
Mädchen	98	**81**	112	**72**
Gesamtzahl	165	168	205	145

a) Berechne die fehlenden Zahlen und trage sie ein.

Hinweis: *Ist die Gesamtzahl der Schüler in einer Spalte gesucht, so musst du die Anzahl der Jungen und Mädchen in der gleichen Spalte addieren. Ist in einer Spalte die Anzahl der Jungen oder Mädchen gesucht, so musst du von der Gesamtzahl die gegebene Anzahl der Jungen bzw. Mädchen subtrahieren.*

b) Wie viele Schüler gehen insgesamt in die Waldschule und in die Comenius-Schule?

Antwort: **In die Waldschule gehen 911 Schüler, in die Comenius-Schule 683 Schüler.**

c) Wie groß ist der Unterschied der Schülerzahlen beider Schulen?

Hinweis: *In die Waldschule gehen mehr Schüler, also musst du von diesen Schülern die Schüler der Comenius-Schule subtrahieren.*

Antwort: **In die Waldschule gehen 228 Schüler mehr als in die Comenius-Schule.**

2. Dieses Diagramm zeigt die Haustiere der Kinder einer 4. Klasse.

Hinweis: *Sieh dir das Diagramm genau an. Unter der Säule liest du die Tierart und ganz links die Anzahl der Tiere ab.*

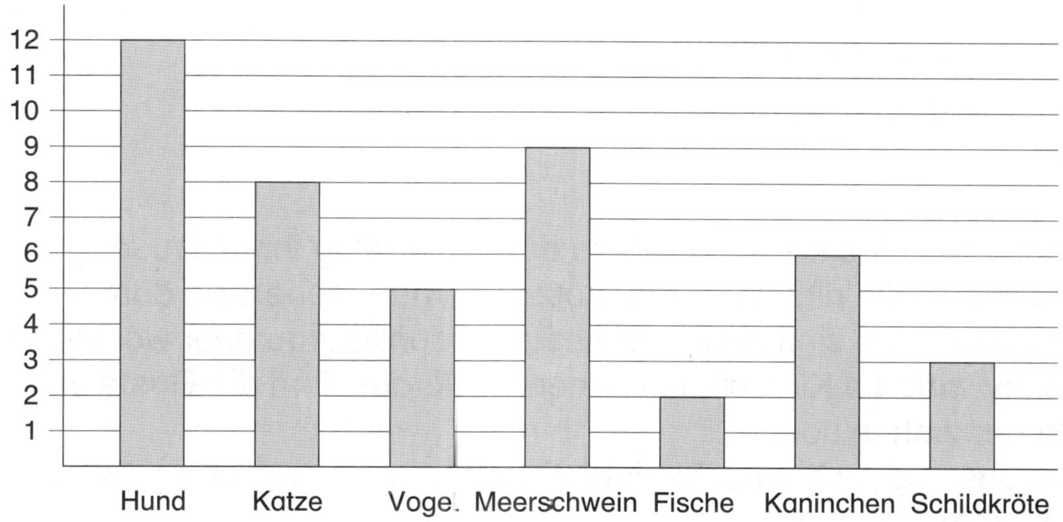

a) Wie viele Kinder haben einen Hund? **12 Kinder**

b) Welches Haustier haben die meisten Kinder? **einen Hund**

c) Welches Haustier haben die wenigsten Kinder? **Fische**

d) Wie viele Kinder haben ein Meerschweinchen? **9 Kinder**

3. Anton, Laura und Florian würfeln mit einem Spielwürfel jeweils 4-mal hintereinander. Sie addieren bei jedem Wurf die Zahlen. Dann ist der nächste Spieler an der Reihe. Sie betrachten ihre Ergebnisse und stellen verschiedene Behauptungen auf.

Welche Aussagen sind richtig? Kreuze an.

Hinweis:
Aussage 1 ist richtig. Die Summen können jeweils nur durch eine einzige Zahlenkombination gewürfelt werden (1 + 1 + 1 + 1 oder 6 + 6 + 6 + 6).
Aussage 2 ist falsch. Es gibt mehrere Möglichkeiten, die Summe 20 zu erwürfeln (z. B. auch durch 2 + 6 + 6 + 6).
Aussage 3 ist richtig, da die Summe 10 durch verschiedene Würfe erreicht werden kann. Die einzelnen Kombinationen (also wie sich die Summe dann genau zusammensetzt) sind dabei alle gleich wahrscheinlich.
Aussage 4 ist falsch, da die höchste Summe 24 ist (6 + 6 + 6 + 6).
Aussage 5 ist richtig: Die 4 ist das niedrigste Ergebnis (1 + 1 + 1 + 1).

- [x] Die Summe 4 oder die Summe 24 zu würfeln, ist sehr unwahrscheinlich.
- [ ] Die Summe 20 würfelt man nur, wenn man 4-mal hintereinander die 5 würfelt.

☒ Die Wahrscheinlichkeit, durch die Würfe 3, 3, 3, 1 oder durch die Würfe 1, 2, 3, 4 auf die Summe 10 zu kommen, ist bei beiden Zahlenkombinationen gleich hoch.

☐ Die höchste Summe, die man in einem Spielzug erreichen kann, ist die Summe 30.

☒ Die Summe 3 fällt nie.

4. Jenny will eine kleine Tombola am Geburtstag ihres Bruders veranstalten. Sie nimmt 10 Bauklötze und nummeriert sie durch.
Die Bauklötze sind entweder hellgrau, dunkelgrau oder weiß lackiert.
Jenny wirft die Klötzchen in einen Sack, aus dem die Gäste und ihr Bruder ziehen sollen.
Sie überlegt sich verschiedene Regeln, wann man einen Gewinn bekommen könnte.

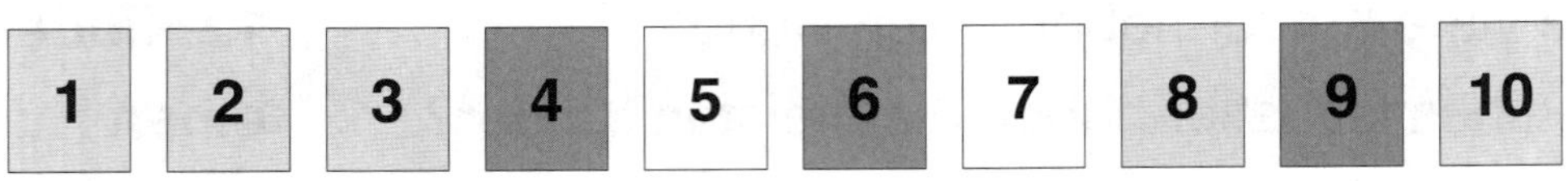

Regel 1: Wer einen hellgrauen Stein zieht, gewinnt.
Regel 2: Wer einen dunkelgrauen Stein zieht, gewinnt.
Regel 3: Wer einen dunkelgrauen oder weißen Stein zieht, gewinnt.
Regel 4: Wer die 8 oder einen weißen Stein zieht, gewinnt.
Regel 5: Wer die 1, 2, 9 oder 10 zieht, gewinnt.
Regel 6: Wer einen weißen Stein zieht, gewinnt.
Regel 7: Wer die 5 zieht, gewinnt.

Hinweis: *Lese die Regeln und zähle die Steine, bei denen die Regel zutrifft. Je höher die Anzahl der Klötzchen, bei denen ein Gewinn eintritt, desto höher ist auch die Gewinnchance: Bei Regel 1 sind es 5 Klötze, bei Regel 2 sind es 3 Klötze, bei Regel 3 sind es wieder 5 Klötze, bei Regel 4 sind es 3 Klötze, bei Regel 5 sind es 4 Klötze, bei Regel 6 sind es 2 Klötze, bei Regel 7 nur 1 Klötzchen. Nun musst du diese Regeln nach der Anzahl der Steine sortieren.*

a) Bei welcher Regel sind die Gewinnchancen am niedrigsten?
Bei Regel 7 sind die Gewinnchancen am niedrigsten.

b) Begründe deine Antwort.
Bei dieser Regel gibt es nur eine einzige Gewinnchance, bei den anderen gibt es mehrere.

c) Sortiere die Regeln nach den Gewinnchancen. Beginne mit den Regeln, deren Gewinnchancen am höchsten sind.
Achtung: Manche Regeln haben gleich hohe Gewinnchancen!
Regel 1 und 3 – Regel 5 – Regel 2 und 4 – Regel 6 – Regel 7

5. Die Kartenverkäuferin Greta Kruse erzählt vom Kartenverkauf. Erstelle eine Tabelle mit den Informationen aus dem Text und fülle die leeren Felder aus.

***Hinweis**: Lies den Text genau und überlege, wonach gefragt ist. Es geht um die Kartenverkäufe von 3 verschiedenen Bühnen, wobei die Karten preislich ebenfalls verschieden sind. Du trägst also in die Tabelle die verschiedenen Bühnen und die verschiedenen Kartenpreise ein sowie die Anzahl der insgesamt verkauften Karten. Nun kannst du die Informationen aus dem Text in die Tabelle eintragen. Dabei musst du verstehen, was „5-mal mehr“ (eine Zahl mit 5 multiplizieren), „doppelt so viele“ (eine Zahl mit 2 multiplizieren) und „zwei Drittel“ (zwei Teile eines durch drei geteilten Ganzen) bedeutet.*
Rechnung „große Bühne“: 750 – 600 = 150
Rechnung „Laienbühne“: 750 : 5 = 150; 150 – 20 = 130; 130 : 2 = 65
Rechnung „kleine Bühne“: 150 · 2 = 300; „Zwei Drittel von 300“ = 300 : 3 · 2 = 200
Ausfüllen des letzten Feldes: 300 – 200 – 20 = 80

	große Bühne	**kleine Bühne**	**Laienbühne**
Karte normal	**600**	**80**	**65**
Karte ermäßigt	**150**	**20**	**65**
Kinderticket	**0**	**200**	**20**
gesamt	**750**	**300**	**150**

6. Lisa plant ihre Zukunft. Sie sagt: „Ich möchte einmal eine Familie gründen und unbedingt drei Mädchen bekommen!"
Ole sagt: „Ich will auch einmal drei Kinder haben. Aber es sollen genau zwei Jungen und ein Mädchen sein. Dabei ist mir egal, in welcher Reihenfolge sie auf die Welt kommen."

Ist die Wahrscheinlichkeit gleich hoch, dass Lisas und Oles Zukunftswünsche in Erfüllung gehen?

Zeichne ein Baumdiagramm.

Hinweis: *Wie könnte das Baumdiagramm aussehen? Es gibt immer genau zwei Möglichkeiten, was das Geschlecht der geplanten Kinder angeht. Außerdem wollen beide drei Kinder. Nun stelle dir vor, Lisa und Ole bekommen jeweils ihr erstes Kind. Hier entstehen die ersten zwei Zweige: einmal für den Fall, dass es ein Junge wird und einmal für den Fall, dass es ein Mädchen wird. Davon zweigen sich wieder zwei Zweige ab für das zweite Kind und noch einmal für das dritte Kind. Lies nun an dem Baum die Kombinationen ab. Da bei Ole mehr Kombinationsmöglichkeiten bestehen, ist es wahrscheinlicher, dass Oles Zukunftswünsche in Erfüllung gehen.*

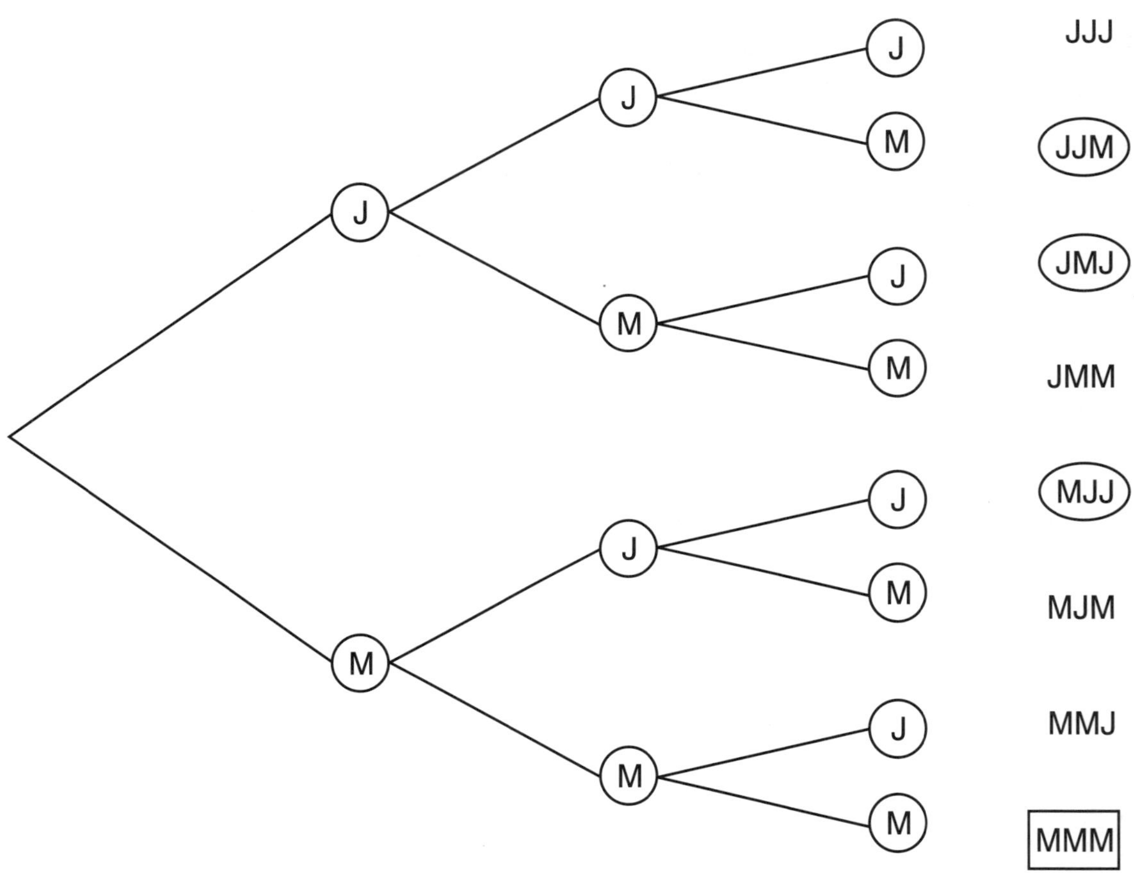

Antwort: **Nein, Oles Wünsche sind wahrscheinlicher als Lisas.**

Daten, Häufigkeiten und Wahrscheinlichkeiten: Test 2

1. Diese Abbildung zeigt die Fernsehgewohnheiten der Kinder einer 4. Klasse.

Hinweis: *Unter jeder Säule liest du die verschiedenen Fernsehsendungen und ganz links liest du die Anzahl der Kinder ab, die diese Sendungen am liebsten sehen.*
Aufgabe a: Die Säule über der Fernsehsendung Spielshows reicht bis zur Zahl 4, also sehen 4 Kinder der Klasse am liebsten Spielshows an.
Die Aufgabe b löst du, indem du über der Bezeichnung Tierfilme eine Säule einzeichnest, die bis zur Zahl 7 reicht.
Bei Aufgabe c musst du schauen, welche Säule am höchsten reicht: Es ist die Säule bei den Tierfilmen.
Bei Aufgabe d musst du schauen, welche Säule am kürzesten ist: Es ist die Säule bei den Märchenfilmen.

Diese Sendungen sehen die Schüler am liebsten:

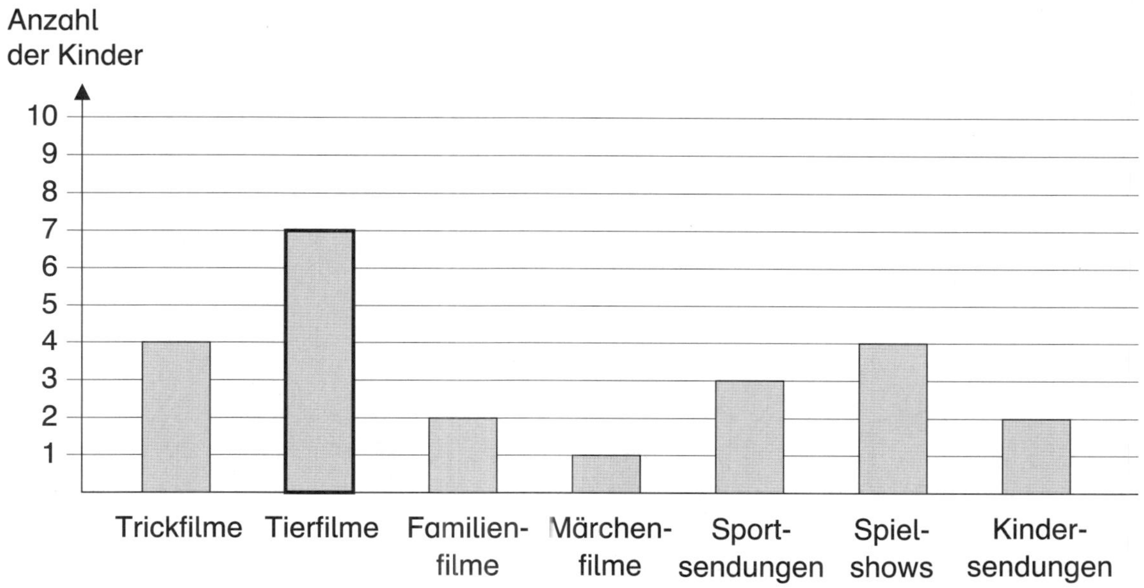

a) Wie viele Kinder schauen am liebsten Spielshows?
4

b) 7 Kinder schauen am liebsten Tierfilme.
Zeichne die Säule in das Säulendiagramm.

c) Welche Sendungen schauen die meisten Kinder am liebsten?
Tierfilme

d) Welche Sendungen schauen die wenigsten Kinder am liebsten?
Märchenfilme

2. In der Tabelle sind die Besucherzahlen des Freiluftkinos „Sommerheide“ dargestellt.

	Mai	Juni	Juli	August	September
Kinder	400	700	100	600	400
Erwachsene	1 000	1 400	400	1 200	900

a) Übertrage die Daten in ein Kurvendiagramm.
Male jede der beiden Kurven in einer anderen Farbe.

Hinweis: *Ein Kurvendiagramm kann besonders gut einen zeitlichen Verlauf darstellen. An dem senkrechten Pfeil sollten die Besucherzahlen stehen, am waagerechten Pfeil die Monate.*

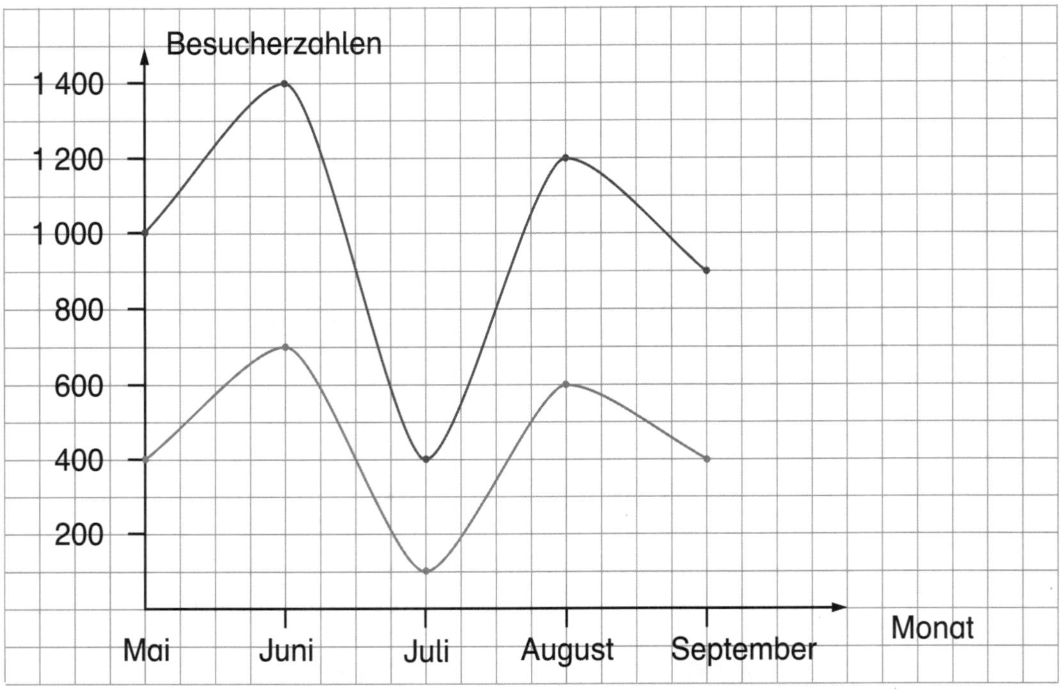

b) In einem Monat waren die Besucher nicht sehr zahlreich.
Welcher Monat war das?
Der Juli.

c) Kannst du dir einen Grund denken, warum die Zahlen in diesem Monat so niedrig waren?

Lösungsvorschlag:

Vielleicht war der Juli sehr verregnet und einige Vorführungen konnten deswegen nicht stattfinden. Vielleicht lief auch ein sehr schlechter Film.

3. Die Tabelle enthält viele Informationen.
Welche Fragen kannst du mithilfe der Tabelle beantworten?
Kreuze jeweils die richtige Antwort an.

Spannbreite der Flügel und höchste Fluggeschwindigkeit verschiedener Tiere:

	Florfliege	Schmetterling	Mauersegler	Eule
Spannbreite	20 mm	5 cm	56 cm	1,10 m
Geschwindigkeit	2 km/h	8 km/h	320 km/h	70 km/h

Hinweis:
a) Die Aussage ist richtig, da 4 · 2 = 8.
b) Die Aussage ist richtig, da 320 : 40 = 8.
c) Diese Frage ist nicht zu beantworten, da die Fluggeschwindigkeit eines Adlers nicht angegeben ist.
d) Diese Aussage ist falsch, da der Mauersegler (Spannweite 56 cm) schneller fliegen kann als eine Eule (Spannweite 1,10 m).

a) Ein Schmetterling fliegt 4-mal so schnell wie eine Florfliege.

☒ richtig ☐ falsch ☐ kann man nicht beantworten

b) Ein Schmetterling fliegt 40-mal langsamer als ein Mauersegler.

☒ richtig ☐ falsch ☐ kann man nicht beantworten

c) Ein Mauersegler kann schneller fliegen als ein Adler.

☐ richtig ☐ falsch ☒ kann man nicht beantworten

d) Je größer ein Tier ist, umso schneller fliegt es auch.

☐ richtig ☒ falsch ☐ kann man nicht beantworten

4. Wie viele Möglichkeiten gibt es, um folgende Zahlen mit zwei Würfeln zu erwürfeln?
Schreibe die Möglichkeiten auf.

Hinweis: *Überlege dir erst, welche Zahlen gegeben sind. Das sind die des Würfels: 1, 2, 3, 4, 5 und 6. Wie können sich nun die Summen zusammensetzen?*
a) Ich nehme zuerst die 6 und sehe schnell, dass ich nur mit einer weiteren 6 die Summe 12 erreichen kann.
b) Ich nehme die 6 und brauche eine 2, um auf die Summe 8 zu kommen (und umgekehrt).
Ich nehme die 5 und brauche eine 3, um auf die Summe 8 zu kommen (und umgekehrt).

Ich nehme die 4 und brauche eine 4, um auf die Summe 8 zu kommen. Mit einer 1 komme ich mit zwei Würfeln nicht auf die Summe 8.

c) Ich nehme die 1 und brauche die 2, um auf die Summe 3 zu kommen (und umgekehrt). Es gibt nur diese zwei Möglichkeiten, eine 3 mit zwei Würfeln zu würfeln.

a) Du hast die Summe 12 gewürfelt.
Es gibt nur eine Möglichkeit: 6 + 6

b) Du hast die Summe 8 gewürfelt.
Es gibt fünf Möglichkeiten: 6 + 2, 5 + 3, 4 + 4, 3 + 5, 2 + 6

c) Du hast die Summe 3 gewürfelt.
Es gibt zwei Möglichkeiten: 1 + 2, 2 + 1

5. Sicher kannst du nun auch erklären, warum die Wahrscheinlichkeit, die Summe 3 mit drei Würfeln zu würfeln, geringer ist, als die Wahrscheinlichkeit, die Summe 13 zu würfeln.

Lösungsvorschlag:

Die Wahrscheinlichkeit ist deshalb geringer, weil die Summe 3 nur durch die Würfe 1 + 1 + 1 zustande kommen kann. Bei der Summe 13 dagegen gibt es mehrere Kombinationsmöglichkeiten (z. B. 5 + 5 + 3 oder 6 + 4 + 3 oder 6 + 6 + 1).

6. Max, Julius und Sara überlegen sich verschiedene Spiele.
Max sagt: „Bei meinem Spiel gewinnt derjenige, der mit einem Würfel eine 6 würfelt.“
Julius sagt: „Bei meinem Spiel gewinnt derjenige, der beim Werfen einer Münze die Zahl wirft.“
Sara sagt: „Ich habe 13 Zettel mit den Zahlen 1 bis 13 beschriftet. Der eine Spieler gewinnt, wenn daraus eine gerade Zahl gezogen wird, der andere Spieler gewinnt, wenn eine ungerade Zahl gezogen wird.“

Hinweis: *Schaue dir die Spiele genau an. Bei dem Spiel von Max gewinnt die Zahl 6, es verlieren die Zahlen 1, 2, 3, 4 und 5. Bei dem Spiel von Julius gewinnt der Kopf und es verliert die Zahl. Bei Sara gewinnt entweder die 1, 3, 5, 7, 9, 11 und 13 oder die 2, 4, 6, 8, 10 und 12. Bei den geraden Zahlen ist die Gewinnchance kleiner, da nur 6 Zahlen gewinnen, während bei den ungeraden Zahlen 7 Zahlen gewinnen.*

a) Bei welchem Spiel sind die Chancen zu gewinnen und zu verlieren gleich hoch?
Bei dem Spiel von Julius.

b) Bei welchem Spiel sind die Gewinnchancen am niedrigsten?
Bei dem Spiel von Max.

c) Du spielst mit Sara. Sie wählt die ungeraden Zahlen, um zu gewinnen. Hat sie bessere Gewinnchancen als du?
Ja, denn Sara hat 7 Gewinnzahlen und ich nur 6.

d) Wie oft muss Max würfeln, bis er endlich eine 6 würfelt?
Das weiß man nicht, da das vom Zufall abhängt.

Daten, Häufigkeiten und Wahrscheinlichkeiten: Test 3

1. Seit 10 Jahren steht in Opa Malers Garten ein großer Apfelbaum, auf den Opa Maler sehr stolz ist. Über die Entwicklung des Baumes führt er eine Tabelle.

Jahr	1.	2.	3.	4.	5.	6.	7.	8.	9.	10.
Ernte in kg	5	8	14	28	33	48	58	65	67	70
Baumhöhe in m	1	1,8	3	3,5	4	4	4	4	4	4

Sieh dir die Tabelle an und entscheide, ob die folgenden Aussagen wahr oder falsch sind oder ob man die Antwort gar nicht wissen kann.

Hinweis: *Lies die Aussagen genau und überlege, was die einzelnen Signalwörter (z. B. „mehr“ oder „verdoppeln“) bedeuten. Am besten ist es, wenn du dir diese Wörter markierst.*

	wahr	falsch	kann man nicht beantworten
a) Der Apfelbaum trug in jedem Jahr mehr Früchte als im Vorjahr.	☒	☐	☐
b) Der Apfelbaum wuchs jedes Jahr gleich viel.	☐	☒	☐
c) Im ersten Jahr war der Baum viermal so groß wie im 5. Jahr.	☐	☒	☐
d) In 10 Jahren wird sich die jährliche Ernte verzehnfacht haben.	☐	☐	☒
e) Vom 3. zum 4. Jahr verdoppelte sich die Ernte.	☒	☐	☐
f) Im Zeitraum vom 1. bis zum 3. Jahr stieg die Ernte um genauso viele kg wie vom 7. bis zum 9. Jahr.	☒	☐	☐
g) Zwischen dem 7. und dem 8. Jahr vergrößerte sich der Durchmesser des Baumstamms am meisten.	☐	☐	☒
h) Im 15. Jahr wird der Baum höchstwahrscheinlich etwa 4 m hoch sein.	☒	☐	☐
i) Bildet man die Summe aller Ernten der ersten 10 Jahre, erhält man mehr als 100 kg.	☒	☐	☐
j) Zwischen dem 4. und dem 5. Jahr wuchs der Baum am wenigsten.	☐	☒	☐

2. In der Grundschule Klanghausen wurde eine Übersicht über die musikalischen Freizeitbeschäftigungen der 117 Schüler erarbeitet.

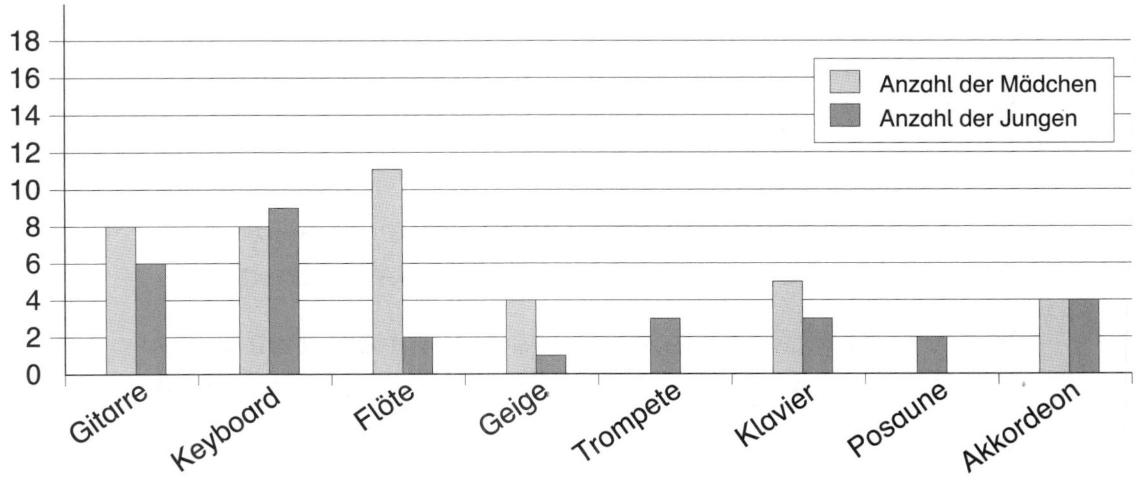

Hinweis: *Schau dir als Erstes die Erklärungen der Legende an: Welcher Streifen bedeutet was? Überlege dann, welche Angaben du zur jeweiligen Lösung brauchst.*

a) Sieh dir das Streifendiagramm genau an und übertrage die Informationen in die nachfolgende Tabelle.

Instrument	Anzahl der Mädchen	Anzahl der Jungen	gesamt
Gitarre	**8**	**6**	**14**
Keyboard	**8**	**9**	**17**
Flöte	**11**	**2**	**13**
Geige	**4**	**1**	**5**
Trompete	**0**	**3**	**3**
Klavier	**5**	**3**	**8**
Posaune	**0**	**2**	**2**
Akkordeon	**4**	**4**	**8**

b) Beantworte folgende Fragen:

Welches Instrument wird am häufigsten gespielt?
Am häufigsten wird Keyboard gespielt.

Welches Instrument wird am seltensten gespielt?
Am seltensten wird Posaune gespielt.

Welche Instrumente spielen mehr Jungen als Mädchen?
Es spielen mehr Jungen als Mädchen Keyboard, Trompete und Posaune.

Welches Instrument spielen mehr Mädchen als Jungen?
Es spielen mehr Mädchen als Jungen Gitarre, Flöte, Geige und Klavier.

Welches Instrument spielen genauso viele Jungen wie Mädchen?
Akkordeon spielen genauso viele Jungen wie Mädchen.

Wie viele Jungen spielen insgesamt ein Instrument?
Es spielen insgesamt 30 Jungen ein Instrument.

Wie viele Mädchen spielen insgesamt ein Instrument?
Es spielen insgesamt 40 Mädchen ein Instrument.

Wie viele Kinder spielen insgesamt ein Instrument?
Insgesamt spielen 70 Kinder ein Instrument.

Wie viele Kinder der Grundschule Klanghausen spielen kein Instrument?
47 Kinder der Grundschule Klanghausen spielen kein Instrument.

3. In einer Bonbontüte sind 3 rote, 5 gelbe und 4 orange Bonbons. Klara hätte am liebsten ein rotes, lässt sich aber von ihrem Bruder Paul überreden, ohne hinzusehen ein Bonbon zu ziehen.

***Hinweis:** Fertige dir eine farbige Skizze an, damit du dir die vorhandenen Bonbons besser vorstellen kannst.*

a) Wie oft muss Klara mindestens zugreifen, um ein rotes Bonbon zu bekommen?

***Hinweis:** Wenn Klara Glück hat, erwischt sie sofort ein rotes Bonbon.*

Klara muss mindestens einmal zugreifen, um ein rotes Bonbon zu bekommen.

b) Wie oft muss Klara höchstens zugreifen, um ein rotes Bonbon zu bekommen?

***Hinweis:** Wenn Klara Pech hat, erwischt sie zunächst 5 gelbe und 4 orange Bonbons. Erst wenn diese alle weg sind, zieht sie mit Sicherheit ein rotes Bonbon.*

Klara muss höchstens 10-mal zugreifen, um ein rotes Bonbon zu bekommen.

c) Welche Farbe zieht Klara beim ersten Griff am wahrscheinlichsten?

Hinweis: *Da die meisten Bonbons gelb sind, zieht Klara am wahrscheinlichsten ein gelbes Bonbon.*

Klara zieht am wahrscheinlichsten zuerst ein gelbes Bonbon.

d) Welche Farbe zieht Klara beim ersten Griff am unwahrscheinlichsten?

Hinweis: *Da die wenigsten Bonbons rot sind, zieht Klara am unwahrscheinlichsten ein rotes Bonbon.*

Am unwahrscheinlichsten ist es, dass Klara zuerst ein rotes Bonbon zieht.

4. Paul möchte an seinem Kindergeburtstag mit seinen Gästen vier verschiedene Spiele spielen. Damit es allen möglichst viel Spaß macht, gibt er vorher eine Liste herum, in der alle ankreuzen sollen, was sie gerne spielen möchten.

Spiel	Fußball	Spielkonsole	Losen	Basteln	Verstecken	Topfschlagen	Fangen
Max	✗	✗				✗	✗
Alim	✗	✗		✗			✗
Fabian	✗	✗	✗		✗	✗	
Maurice	✗		✗		✗		✗
Robin	✗	✗				✗	
Lucas	✗	✗			✗	✗	
Maike		✗		✗		✗	✗
Noel			✗	✗	✗		✗

a) Welche Spiele werden bei der Geburtstagsfeier gespielt?

Hinweis: *Die beliebtesten Spiele haben die meisten Kreuzchen. Da vier Spiele gespielt werden sollen, musst du die vier Spiele mit den meisten Kreuzchen aufschreiben. Um den Überblick zu behalten, kannst du die Anzahl der Kreuzchen, die du gezählt hast, unter die entsprechenden Spalten schreiben.*

Bei der Geburtstagsfeier werden Fußball, Spielkonsole, Topfschlagen und Fangen gespielt.

b) Welche Spiele werden bei der Geburtstagsfeier nicht gespielt?

Hinweis: *Hier musst du alle Spiele aufschreiben, die du in Aufgabe a nicht aufgeschrieben hast.*

Losen, Basteln und Verstecken werden nicht gespielt.

c) Welche Spiele erhielten die wenigsten Stimmen?

Hinweis: *Sieh nach, welche Spiele die wenigsten Kreuzchen erhielten.*

Losen und Basteln erhielten die wenigsten Stimmen.

d) Wer wird mit der Auswahl der Spiele am unzufriedensten sein?

Hinweis: *Sieh in der Tabelle nach, wer die meisten Spiele gewählt hat, die nicht gespielt werden.*

Noel wird mit der Auswahl der Spiele am unzufriedensten sein.

e) Was sollte Paul seinen Gästen auf der Einladung als Empfehlung für die Feier mitteilen? Kreuze an.

Hinweis: *Sieh dir in Aufgabe a noch einmal an, was gespielt wird, und überlege, was dafür gebraucht wird.*

- ☐ Bringe deinen Ranzen mit.
- ☐ Bringe Schreibsachen mit.
- ☒ Bringe Sachen für draußen mit.
- ☐ Bringe Fahrradhandschuhe mit.
- ☐ Bringe Gummistiefel mit.
- ☒ Bringe Fußballschuhe mit.
- ☒ Bringe gute Laune mit.
- ☐ Bringe Geld mit.

5. Hella denkt sich ein Knobelspiel aus. Dafür hat sie jeweils einzeln auf kleine Kärtchen die Ziffern null bis zwanzig geschrieben. Die Spieler müssen nacheinander so lange Kärtchen ziehen, bis sie damit die Summe 50 bilden können. Gewonnen hat, wem dies nach weniger Zügen gelingt.

Hinweis: *Wenn du magst, kannst du dir zum Üben ebensolche Kärtchen basteln und selbst ausprobieren. Versuche, systematisch vorzugehen.*

a) Wie viele Kärtchen hat Hella beschrieben?

Hinweis: *Hella hat nicht nur die Ziffern 1 bis 20, sondern auch die 0 geschrieben. Diese darfst du beim Zählen nicht vergessen.*

Hella hat 21 Kärtchen beschrieben.

b) Gib mindestens 3 Möglichkeiten an, wie aus den Ziffern die Summe 50 gebildet werden kann.

Hinweis: *Zieht man die höchste Ziffer, also die 20, dann bleibt ein Rest von 30, den man mit zwei weiteren Zahlen bilden kann. Es gibt aber natürlich noch viele andere Möglichkeiten.*

Lösungsvorschlag:

20 + 19 + 11; 20 + 18 + 12; 20 + 17 + 13

c) Wie viele Kärtchen muss man mindestens ziehen, um damit genau die Summe 50 bilden zu können?

Hinweis: *Überlege dir, welche größtmöglichen Zahlen von 0 bis 20 die Summe 50 ergeben. 20 + 19 = 39, das reicht also nicht – bis zur 50 fehlen immer noch 11. Du benötigst mindestens noch eine weitere Karte, also 3.*

Man muss mindestens 3 Kärtchen ziehen, um genau die Summe 50 bilden zu können.

d) Wie viele Kärtchen muss man höchstens ziehen, um damit die Summe 50 bilden zu können?

Hinweis: *Stell dir vor, du würdest immer die kleinstmöglichen Zahlen von 0 bis 20 ziehen. Die 0 darfst du dabei nicht vergessen! Wie viele Karten müsstest du dann ziehen, bis du die Summe 50 bilden kannst?*
0 + 1 + 2 + 3 + 4 + 5 + 6 + 7 + 8 + 9 + 10 = 55; ab jetzt ist es also möglich, aus deinen gezogenen Karten die Summe 50 zu bilden. (In diesem Fall, indem du die Zahlen aller Karten bis auf die 5 addierst.)

Man muss höchstens 11 Kärtchen ziehen, um die Summe 50 bilden zu können.

(Bitte blättern Sie um)

21_VGS

Kompetenztraining

Arbeitshefte

Ideal im Unterricht einsetzbares Übungsmaterial im praktischen Format A4 zum Arbeiten direkt im Heft. Mit herausnehmbarem Lösungsheft.

Arbeitsheft VERA Mathematik 3. Klasse
■ .... Best.-Nr. 9990031

Arbeitsheft Bildungsstandards Mathematik 4. Klasse
■ .... Best.-Nr. 9990041

Arbeitsheft VERA Deutsch Lesen 3. Klasse
■ .... Best.-Nr. 9994031

Arbeitsheft VERA Sprache untersuchen Schreiben 3. Klasse
■ .... Best.-Nr. 9994035

Arbeitsheft Bildungsstandards Deutsch 4. Klasse
■ .... Best.-Nr. 9994041

Arbeitsheft IGLU Deutsch 3./4. Klasse
■ .... Best.-Nr. 9994033

Orientierungsarbeiten

Enthält eine Sammlung prüfungsähnlicher Übungsaufgaben sowie die ausgearbeiteten Jahrgänge 2008 bis 2011 mit ausführlichen und kommentierten Lösungen zur selbstständigen Vorbereitung auf die Orientierungsarbeit im Bereich Deutsch Rechtschreiben in der 2. Klasse. Dazu ausführliche Hinweise zum Ablauf der Orientierungsarbeit, Informationen und hilfreiche Tipps zu den verschiedenen Aufgabenarten. Im Format A4.

Orientierungsarbeiten 2. Klasse Deutsch – Bayern
■ .... Best.-Nr. 994022

IGLU

Zahlreiche abwechslungsreiche Übungsaufgaben zur Förderung der Lesekompetenz in Anlehnung an die IGLU-Studie. Dazu ein umfangreicher Hinweisteil mit vielen Tipps zum raschen und sicheren Erschließen von Texten und zum sinnvollen Umgang mit unbekannten Texten. Mit ausführlichen und kommentierten schülergerechten Lösungen. Im Format A4.

IGLU 3./4. Klasse Deutsch Grundschule
■ .... Best.-Nr. 994303

Vergleichsarbeiten VERA 3

Jeder Band enthält mehrere prüfungsähnliche Übungsaufgaben mit ausgearbeiteten Lösungen und vielen Tipps und Hinweisen. Die Aufgaben decken alle in den Vergleichsarbeiten geprüften Kompetenzbereiche ab. Diese Aufgaben dienen zur Vorbereitung auf die Vergleichsarbeiten und gleichzeitig zur Wiederholung des bisher Gelernten in der Grundschule. Dazu hilfreiche Hinweise zum Ablauf der Prüfung sowie Informationen zu den verschiedenen Aufgabentypen. Alle Lösungen können direkt in das Buch eingetragen werden. Im Format A4.

VERA – Vergleichsarbeiten 3. Klasse Mathematik Grundschule
■ .... Best.-Nr. 590401

VERA – Vergleichsarbeiten 3. Klasse Deutsch Grundschule mit MP3-CD
■ .... Best.-Nr. 594401

Bildungsstandards

Vielfältige Aufgaben zum Trainieren und Überprüfen der in den Bildungsstandards der Kultusministerkonferenz geforderten Kompetenzen für das Ende der 4. Klasse in den Fächern Deutsch und Mathematik. Abwechslungsreiche Aufgaben zum Vertiefen der inhaltsbezogenen Kompetenzen. Zu allen Aufgaben schülergerechte Lösungen mit Hinweisen. Im Format A4.

Bildungsstandards 4. Klasse Mathematik Grundschule
■ .... Best.-Nr. 990407

Bildungsstandards 4. Klasse Deutsch Grundschule
■ .... Best.-Nr. 994407

TIMSS

Umfassendes Übungsmaterial zu den Bereichen Mathematik und Naturwissenschaften der TIMSS-Studie, die weltweit alle vier Jahre gegen Ende der 4. Klasse durchgeführt wird. Vielfältige Trainingsmöglichkeiten der geforderten Kompetenzen und Verfahrenskenntnisse wie Schlussfolgern, Analysieren, Problemlösen oder Beweisen. Alle Aufgaben mit praktischen Hinweisen und ausformulierten, schülergerechten Lösungen. Im Format A4.

TIMSS Mathematik · Naturwissenschaften 4. Klasse Grundschule
■ .... Best.-Nr. 990408